銀河と宇宙

John Gribbin 著

岡村 定矩 訳

SCIENCE PALETTE

丸善出版

Galaxies

A Very Short Introduction

by

John Gribbin

Copyright © John and Mary Gribbin 2008

All rights reserved. No part of this book may be reproduced or transmitted in any form or by any means, electronic or mechanical, including photocopying, recording or by any information storage retrieval system, without the prior written permission of the copyright owner.

"Galaxies: A Very Short Introduction" was originally published in English in 2008. This translation is published by arrangement with Oxford University Press.
Japanese Copyright © 2013 by Maruzen Publishing Co., Ltd.
本書は Oxford University Press の正式翻訳許可を得たものである.

Printed in Japan

訳者まえがき

銀河とはなんだろうか？
1900年以前には誰も知らなかった．
1920年にはごくわずかの人々だけが知っていた．
1924年以降はすべての天文学者が知ることとなった．
宇宙の中で最大の恒星集団，それが銀河である．
天文学において銀河は，物理学における原子と同じ位置付けなのである．

これは，『ハッブルアトラス』の冒頭にある「銀河」という章のはじまりを引用したものです．銀河の正体を明らかにしたエドウィン・ハッブルの後継者であるアラン・サンデイジによって，『ハッブルアトラス』と命名された銀河写真集が1961年に出版されました．ハッブルは晩年，自らが提唱した銀河の形態分類を解説するために100インチ望遠鏡で撮影した銀河の写真集を出版する準備をしていました．しかしそれを実現することなくハッブルは1953年にこの世を去りました．ハッブルのノートや彼と交わした会話など膨大な資料を整理し，新たに200インチ望遠鏡で撮影された写真も加

えてサンデイジが完成させた『ハッブルアトラス』は，銀河研究における記念碑的な業績です．引用の最後の文に端的に示されているように，銀河は宇宙の基本的な構成要素です．銀河を語らずして宇宙を語ることはできません．また逆に，宇宙を語らずして銀河を語ることはできません．この両者の密接な結び付きは本書でも余すところなく語られています．そこで，本書の題名は原題 "*Galaxies*" を変更して，『銀河と宇宙』としました．

1970年代まで，銀河が宇宙の基本的かつ「主要な」構成要素であることを疑う天文学者はほとんどいませんでした．しかし今日では，銀河に代表されるバリオン（通常の物質）は，宇宙のエネルギー密度に換算すると，全体の5パーセント以下しかないことがわかっています．残りはダークマター（約27パーセント）とダークエネルギー（約68パーセント）が占めています．これらの正体はまだ明らかになっていません．とくにダークエネルギーは，物質の重力に逆らって宇宙の膨張を加速するという不思議な性質をもっています．

ダークマターとダークエネルギーの発見によって，銀河（バリオン）は宇宙の中で主役の座から転落したのでしょうか？　これは意見の分かれるところでしょう．私たちの体はバリオンからできています．私たち人類はその好奇心によってついに，138億年の宇宙の歴史をひもとき，自らの起源が宇宙にあることを知り，宇宙の未来について考えを巡らせるまでに進化したのです．人類は，銀河系の中で，太陽という平凡な星の周りを回る地球上に誕生しました．銀河系には太陽と同じような恒星が1000億個以上あります．銀河系の外

には無数の銀河があり，その中にも銀河系と同様に莫大な数の恒星があります．それらのまわりを回る惑星上には，もしかすると知的生命体がいるかもしれません．人類のような知的生命体を生む舞台は銀河であり，銀河の誕生と進化はまさに人類の起源につながっているのです．その観点からみれば，やはり，「銀河は宇宙の基本構成要素」です．著者のグリビンもそう考えているように見えます．

本書は，英国の著名なサイエンスライターのジョン・グリビンが，オックスフォード大学出版局が出版する「Very Short Introductions」シリーズのために書いた"Galaxies"を翻訳したものです．本書の第1章と第2章では，近代天文学史の有名な一場面が紹介されています．銀河の正体と宇宙の大きさに関する大論争からはじまり，渦巻き星雲が銀河であり，銀河は天文学にとって「物理学における原子」であることが明らかになるまでのいきさつです．第3章から第6章までは銀河と宇宙に関する現代天文学の最新の成果が述べられています．第4章では，膨大なデータを駆使して「平凡原理」を実証した著者自身の研究成果がエピソードとして紹介されています．科学史家でもあり天文学の研究にも携わっている著者の面目躍如たる章です．第7章では銀河の誕生について，日進月歩ともいえる研究の最先端が語られます．最終章の第8章では，銀河の最期はどうなるのか，現在考えられる三つのシナリオに従って興味深い結末が描かれます．

これだけの少ない分量の中に，銀河と宇宙に関する歴史と研究の最先端をまとめた本は珍しいでしょう．数式をいっさい使わないため，かえってわかりにくい表現になったところ

もときにはありますが，それは多くの人に読んでほしいという著者の願いの反映ともいえます．本書は多くの人に読んでほしい「銀河と宇宙」に関する格好の入門書です．

最後に，本書の査読をお願いし，短期間にもかかわらず多くの有益な指摘をいただいた東京大学エグゼクティブ・マネジメント・プログラムの高梨直紘氏にこの場を借りて厚く感謝します．本書の訳出と出版に関しては，丸善出版株式会社の堀内洋平，米田裕美の両氏にお世話になりました．併せて感謝申し上げます．

2013 年 6 月

岡村　定矩

目　次

　　序　章　　1

1　大 論 争　　7
　　宇宙の大きさと渦巻き星雲を巡る大論争／銀河系が宇宙のすべて？／セファイドの周期-光度関係の発見／シャプレーの宇宙像／カーチスの宇宙像／決着しなかった論争

2　宇宙への距離指標　　23
　　ハッブル登場／銀河の形態分類／偶然の大発見が明らかにした渦巻き星雲の正体／ハッブル流の距離の測り方／赤方偏移と距離の関係

3　私たちの島宇宙：銀河系　　39
　　正体不明のダークマター／銀河系における太陽の位置／星の生まれる場所：渦巻腕／星が生まれるプロセス／ブラックホール／銀河系中心のブラックホール／銀河系のでき方

4　エピソード：銀河系は平凡な銀河　　59
　　銀河系は平凡原理の例外？／銀河の直径比較による平凡原理の実証

5　膨張する宇宙　　67
　　アインシュタインの一般相対性理論／アインシュタインの

「人生最大の失敗」／宇宙膨張は空間そのものの膨張／中心のない宇宙膨張／宇宙の年齢を知る鍵：ハッブル定数／ハッブル宇宙望遠鏡のキープロジェクト／ふたたび平凡原理の実証／宇宙定数の復活／宇宙を満たすダークエネルギー

6 物質の世界　93

私たちを構成する「バリオン」／宇宙にあるバリオンの量／謎の素粒子：冷たいダークマター／バリオン分布の「化石」／宇宙の調和モデル／さまざまな銀河の構造／スターバースト銀河／銀河中心核にあるブラックホール／遠くを見ることは過去を見ること／最古の銀河を求めて

7 銀河の誕生　121

宇宙の大規模構造／宇宙進化のコンピュータシミュレーション／宇宙最初の星／星の死とブラックホールの誕生／ブラックホールと銀河の密接な関係／銀河と銀河が出会うとき／最初の銀河

8 銀河の最期　143

宇宙の運命：三つのシナリオ／第一のシナリオ：いつまでも続く加速膨張／第二のシナリオ：ビッグリップ／第三のシナリオ：ビッグクランチ／最も確からしい銀河の最後

用　語　集　　159

参考文献　　161

図の出典　　163

索　　引　　165

序　章

　銀河についての科学的研究がはじまったのは，いまから100年ほど前の1920年代，すなわちほんの最近のことである．望遠鏡を通して見える淡い光のシミのような斑点が，じつは私たちの住む銀河系のはるか外側にある莫大な数の星[*1]の集団であることがわかったのがその発端である．望遠鏡がなければ，銀河系の外の宇宙を探求し，銀河の性質を調べることは決してできなかったであろう．しかし，銀河の本質を明らかにできるほどに望遠鏡の性能が向上するには，誕生以来ほぼ400年もの時が必要だったのである．

　知られている限りでは，夜空を見るために望遠鏡を使った最初の人物は，レオナルド・ディッグスである．彼はオックスフォード大学で教育を受けた数学者かつ測量士であり，1551年頃にセオドライト[*2]を発明した人である．セオドライトは彼の仕事において重要な道具だったので，それを空に向けて望遠鏡として使ったことを秘密にしていた．しかし彼は，一般向け解説書の草稿にはそのことを書いていた．それは現在で言う「科学」に関する歴史上最初の解説本の一つで

ある．その本には，プトレマイオスの天動説に基づく宇宙の記述がある．レオナルドは1559年に世を去るが，彼の息子であるトーマス・ディッグスが父の遺志を引き継いだ．1540年代に生まれたトーマスは，数学者となり，1571年に亡き父の草稿を本として出版したが，そこにある記述が望遠鏡に関する世界最初の活字記録である．トーマスは天体観測も行い，1576年に父の本の増補改訂版を出版した．その本には，コペルニクスの地動説に基づく宇宙モデルが，はじめて英語で記述されていた．

『不滅の予言（*Prognostication Everlasting*）』という題名のこの本の中でトーマスは，宇宙は無限であると述べ，あらゆる方向に無限に広がる星々の中心に太陽があり，そのまわりを惑星が回る宇宙図を掲載した．トーマスは望遠鏡を少なくとも一つはもっていたことがわかっているので，夜空を横切る天の川に彼がそれを向けて，天の川が無数の星からなっていることを発見したと推測するのは自然なことである．

ディッグス父子のこの話には驚く読者が多いだろう．というのは一般には，天体望遠鏡をはじめて使って，天の川が星の集まりであることを発見した最初の人物はガリレオ・ガリレイであり，17世紀初めの1609年のこととされているからである．じつのところ，望遠鏡は北西ヨーロッパで独立に数回発明されたのだが，その発明のニュースは1609年にオランダからイタリアだけに届いたのである．望遠鏡のしくみの大まかな記述だけを見て，イタリアに住んでいたガリレオは

自分で望遠鏡を製作しそれを空に向けた．彼は後に何台もの望遠鏡を自作するが，その最初のものであった．彼の発見は1610年に発行された『星界の報告（*Sidereus Nuncius*）』にまとめられている．この本で彼は有名になり，ガリレオが望遠鏡を使った最初の人物であるという間違った説が一般に広まったのである．ガリレオも確かに天の川が無数の星からなることを観測したが，それは彼に先立つトーマス・ディッグスと同じことをしたのにすぎない．

　人類が宇宙のどこにいるのかを理解する次の一歩を記したのは，英国の機械職人で哲学者でもあったトーマス・ライトで，18世紀半ばのことである．しかし，ディッグス父子と同じように，彼の貢献もほとんど忘れ去られている．天の川は夜空を横切る光の帯として見える．ライトは，1750年に出版された『宇宙に関する独創的な理論すなわち新しい仮説（*An Original Theory or New Hypothesis of the Universe*）』という書籍の中で，天の川は円盤のように星が集まったものであると示唆した．彼はそれを「円盤状の砥石」にたとえた．そして，さらに驚いたことに，彼は太陽がその円盤の中心ではなく端にあることを理解していた．当時，望遠鏡で見えるぼんやりした光の斑点は，雲と似ていることから星雲と名付けられていた．ライトはさらに，星雲は銀河系の外にあるのかもしれないとまで考え至っていたのである．ただし彼は，そうだとすれば，星雲は銀河系と同じような星の集団であるはずだとまでは想像を膨らませなかった．哲学者であり科学者であったイマヌエル・カントは，このライトの考えを取り入

れた．彼は想像をもう一歩膨らませて，星雲は銀河系と同じような「島宇宙」ではないかと考えた．しかし，この考えはあまり重要視されることはなかった．

望遠鏡の性能がよくなるにつれて，より多くの星雲が見つかりカタログに加えられた．これらが注意深くカタログに記録された一つの理由は，18〜19世紀の天文学者は彗星を見つけることに執着していたからである．ぼんやりした斑点に見える星雲の様相が，一見すると彗星と区別が付きにくかった．そこで，1780年代のシャルル・メシエや1802年にカタログを完成させたウィリアム・ハーシェルのような人々は，彗星と間違えることのないように，星雲の位置を測定したのである．ハーシェルのカタログには2500の星雲が記録されている．これらのほとんどは今日で言う銀河である．その後の20年間，ハーシェルは星雲が何からできているかを見出そうと努力した．しかし，直径1.2メートルの反射鏡を有する彼の最大の望遠鏡をもってしても，ぼんやりした光の斑点を星に分解して見ることはできなかった．ハーシェルは1822年に世を去るが，晩年には，星雲は希薄なガスの雲で，銀河系の中にあると考えていた．

観測によって次の一歩を踏み出したのは，第3代ロス卿であるウィリアム・パーソンズであった．彼は1840年代に直径が1.8メートルの反射鏡をもつ巨大な望遠鏡[*3]を建造した．この望遠鏡によって彼は，多くの星雲が，ブラックコーヒーのカップにクリームを注いでかき回したときにできるよ

うな渦巻き構造をしていることを発見した．その後の数十年間で，いくつかの星雲は輝くガス雲であり，またいくつかのものは，銀河系とは比較にならないほど小さな星の集団（星団）で，いずれも銀河系の中にあることが確認された．しかし渦巻き星雲はどちらの種類にも属さなかった．19世紀終わりに天体写真術が登場し，渦巻き星雲の研究がより進んだが，当時の写真は渦巻き星雲の本質を明らかにできるほどの性能ではなかった．

　20世紀初めには，渦巻き星雲は，太陽系が生まれるもとになったと考えられていた原始太陽系星雲と同様に，誕生しつつある星を取り巻いて渦巻くガスの雲であるということが，大多数の天文学者の合意であった．しかしその後の20年間に，星雲は島宇宙であるとする考えを支持する人がしだいに増えてきた．そこで，米国科学アカデミーがこの問題に対する公開討論会を開催することになった．当時カリフォルニアのウィルソン山天文台にいたハーロー・シャプレーが，星雲は島宇宙ではないという多数意見を代表し，カリフォルニアのリック天文台のヒーバー・カーチスが，島宇宙説を擁護して議論を戦わせることになった．1920年4月26日に開催されたこの討論会を，後に天文学者は「大論争（The Great Debate）」とよぶようになった．結局そこでは結論は出なかったが，この「大論争」が，銀河という天体の科学的な研究がはじまった記念碑的出来事の瞬間であった．

(＊訳注1) 惑星や衛星など自ら光を出さないものも一般には「星」とよばれることが多いので，正確には「恒星」と訳すべきだが，本書ではとくに断らない限り，「星」は「恒星」を指す．

(＊訳注2) 角度を測る工夫がされた経緯台式の小型望遠鏡．トランシットともいう．

(＊訳注3) 旧約聖書に登場する怪物の名前を取ってリバイアサン (leviathan) とよばれた．

第1章
大 論 争

宇宙の大きさと渦巻き星雲を巡る大論争

　1920年4月26日の天文学上の「大論争」の論点は二つあった．一つは銀河系の大きさで，もう一つは渦巻き星雲の正体であった．じつのところ，公開討論会ではまったく論争は行われなかった．二人の講演者が各々40分の講演をして，その後に一般的な討論が行われた．討論会は，現在はスミソニアン自然史博物館となっている当時のアメリカ国立博物館の建物で開かれた．そのテーマは「宇宙の大きさ」であった．シャプレーとカーチスはこのテーマに対して大きく異なる見解をもっていた．それは大論争の翌年，二人によってそれぞれ科学論文として出版された．要約すれば，シャプレーは銀河系が宇宙のすべて，あるいは少なくとも宇宙の主要な構成要素と考えており，その銀河系の大きさに関心をもっていた．一方カーチスは，渦巻き銀河は銀河系と同様の銀河であると考えており，銀河系の外の天体の広がりに関心をもっていた．

　この論争は起こるべくして起こった．というのは，天文学

者が銀河系の中の天体の距離を測る技術を少し前に開拓したばかりだったからである．近傍にある星の距離は，レオナルド・ディッグスならよく知っていたであろう三角測量をもとにした技術で測定できる．近距離にある一つの星を6か月の間隔をおいて観測したとしよう．最初に観測したとき，背景の星々に対してその近距離の星が見える位置を記録しておく．6か月経つと地球は，太陽を回る軌道上で，太陽に対して6か月前と反対の位置にあるので，その星は背景の星に対して6か月前とは少しずれた位置に見えるであろう．このずれの角度を年周視差とよぶ．この現象は，あなたの顔の前に指を立てて，目を交互につぶるときに見られるのと同じものである．指は背景の景色に対してずれて動いて見えるだろう．そして，指が目に近いほど視差の効果は大きい．星のずれの大きさと地球の軌道の半径（それは太陽系内部での三角測量から知られている）の二つがわかれば，星までの距離が求まるのである．

　不運なことに，ほとんどの星はこの効果が測定できないほど遠距離にある．地球に最も近い星であるケンタウルス座アルファ星でさえ，光の速さで旅しても4.29年もかかる距離（4.29光年；1光年は約9.5兆キロメートル）にある．1908年までに年周視差から距離が測られた星はわずか100個程度であった．もう一つの幾何学的な距離測定方法では，近距離の星団の星々がそろって空間を運動しているように見えることを利用する．この方法では約100光年，天文学者がよく使う単位で言えば約30パーセク（pc；1 pcはほぼ正確に3.26

光年)までの星の距離が測れる．これは天文学者が，天文学における最も重要な距離指標[*4]に目盛を与えるのに使える距離であった．

銀河系が宇宙のすべて？

この新しい距離指標の重要さは，20世紀初めにおける銀河系の大きさの最良の推定値を知るだけで十分理解できるだろう．オランダの天文学者であるヤコブス・カプタインは，空のさまざまな方向で，同じ面積の天域にある星の数を数えた．上述した年周視差などの方法によって決めた距離と，暗い星は遠いという仮定のもとで決めた距離を合わせて，多くの星の距離を推定した．数えた星の数とそれらの距離をもとにして，カプタインは次のような銀河系の姿を描いた．銀河系は中心の厚みが約2キロパーセク（2000パーセク），直径が10キロパーセクの円盤のようなかたちをしていて，太陽はその中心に近いところにある．この大きさの推定値は，今日の値からすると非常に小さい．そのおもな理由は，星と星の間の星間空間には大量のダスト（固体の微粒子；塵ともいわれる）があり，それがちょうど霧と同じように，銀河系の中心面（円盤の赤道を通る面で，銀河面とよばれている）付近で遠くの星からの光を隠す効果をもたらしているからである．この現象は星間減光とよばれている．カプタインは星間減光の存在に気が付いていなかった．霧の中で道を見失った旅行者が自分のまわりの小さな世界しか見えないのと同じように，彼は銀河系の霧に包まれて，自分のまわりの小さな宇宙の中心にいると考えたようである．いまからわずか100年

前までに，ほとんどの天文学者はこの星からなる銀河系の円盤が宇宙のすべてと考えていたのである．

セファイドの周期–光度関係の発見

1920年代に入ると事態は変化しはじめた．ハーバード大学天文台ではたらいていたヘンリエッタ・スワン・リービットが，「セファイド」という種類の星は，距離指標として使えるような光度変化をすることを発見した．どのセファイドも規則的に明るくなったり暗くなったりして，厳密に同じサイクルをくり返す．1サイクルが1日以下のものもあり，100日に達するものもある．北極星もセファイドで，その周期はほぼ4日である．ただし北極星の明るさの変化はほんのわずかなので，肉眼でとらえることはできない．リービットの偉大な発見は，明るいセファイドは暗いセファイドよりサイクルの周期が長いということであった．さらによいことには，セファイドの変光周期と真の明るさの間には，精密な関係（周期–光度関係）があった．たとえば，1周期が5日のセファイドは，周期11時間のセファイドの10倍明るいという具合である．

リービットは，銀河系のそばにある小マゼラン雲という星雲中の何百個もの星を調べてこの発見をしたのであった．彼女は小マゼラン雲までの距離は知らなかったが，その中にある星は私たちから実質的に同じ距離にあると見なしてよいので，距離は問題ではなかった．星までの距離が違うために見かけの明るさが違うことを心配する必要はなく，星々の相対

的な明るさを比較すればよかったのである．1913年に，デンマークのアイナー・ヘルツシュプルングが幾何学的方法で，13個の（銀河系内の）近距離にあるセファイドの距離を測定し，リービットのデータと組み合わせて，変光周期が正確に1日である仮想的なセファイドの明るさを導き出した．これは，変光周期と明るさの関係に目盛を入れたことに相当する．セファイドの変光周期を測ればヘルツシュプルングの目盛を使ってその真の明るさを知ることができる．それを，実際に観測される見かけの明るさと比較すれば，明るさと距離の関係は完全に計算可能なので，セファイドの距離が求められる．重要なことは，この方法で決めた小マゼラン雲までの距離は少なくとも 10 キロパーセク（kpc；1 kpc = 10^3pc）もあったことである．ヘルツシュプルングの推定した小マゼラン雲までの距離は，その後観測が進み，また星間減光の理解が進むにつれて改訂され続けている．しかしながら 1913 年は，ヘルツシュプルングによる小マゼラン雲の距離推定によって，銀河系（当時考えられていた全宇宙！）の大きさが，カプタインによる推定値から劇的に拡大した記念すべき年であった．

シャプレーの宇宙像

　セファイドの明るさの目盛を自ら改訂して，それを銀河系の大きさとかたちを調べるために使ったのはハーロー・シャプレーであった．これが「大論争」に対する彼の偉大な貢献であった．

シャプレーの銀河系研究の鍵は，変光星を使って球状星団という星の集団までの距離を決めたことにある．その名前が示すように，球状星団は球のような丸いかたちの恒星系である．球状星団には何十万という数の星が含まれており，その中心部は1立方パーセクあたり1000個の星があるほどの高密度である．これは銀河系の中で私たちのいる太陽近傍の星の密度とは大きく異なっている．太陽から1パーセク以内にはまったく星がないほど，太陽近傍は低密度である．球状星団の多くは，銀河面から離れてその上下に分布している．球状星団までの距離を測ることによってシャプレーは，それらが，天の川の最も明るい部分にあるいて座の方向で，私たちから何千パーセクもの彼方にある点を中心とする，ほぼ球状の領域に分布していることを発見した（図1）．この事実は，その点こそが銀河系の中心であり，太陽系は銀河系の外縁の端近くにあることを意味していた．1920年までにシャプレーは，銀河系の直径は30万光年（約100キロパーセク）で，太陽はその中心から6万光年（約20キロパーセク）離れていると推定した．ワシントンでの公開討論会で彼はそのことを次のように述べている．

　銀河系の星団理論から得られる一つの結論は，太陽が銀河系の中心から非常に遠く離れていることである．私たちは，大きな雲のような局所的な星の集まり，すなわち星団の中心にいるように見える．しかしその星団自体が銀河系の中心から少なくとも6万光年離れているのである．

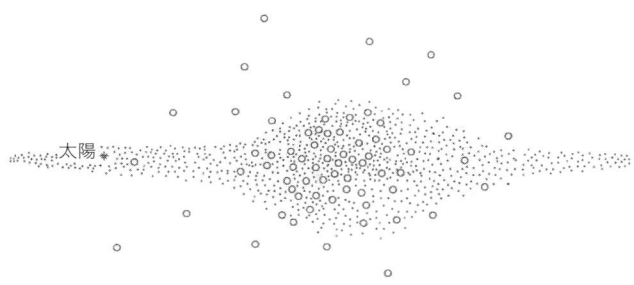

図1 球状星団(円)の分布が天球の一つの側に偏っていることは,太陽が銀河系の中心から遠く離れていることを示している.

　この描像に基づけば,シャプレーや彼の考えに賛同する天文学者にとっては,渦巻き星雲は銀河系と同等のほかの銀河であるはずはなかった.理由は簡単である.空に見える天体の見かけの大きさ(角度)は,その天体の真の大きさとその天体までの距離で決まる.それは,広い牧場の遠い端にいるウシが,その牧場の手前に立っているあなたの手のひらのおもちゃのウシと同じ大きさに見えるのとまったく同じ理屈である[*5].直径が30万光年もある星雲が天球上でほんの小さな角度にしか見えていないということは,それが何百万光年もの距離にあることを意味する.その距離は,当時としてはとても本当とは信じられないほど大きかった.したがってシャプレーは,渦巻き星雲は銀河系の中にある,星が生まれつつある場所か,あるいは大きいとしてもせいぜい,銀河系を大陸とすれば島くらい小さな,銀河系に付随する衛星銀河であると主張した.「私は,渦巻き星雲は星からできているのではなくガスからなる天体と信じたい」と彼は述べている.

シャプレーには，自分の考えを後押しする材料がもう一つあった．たまたま彼の友人であったオランダ人の天文学者アドリアーン・ファンマーネンが，数年の間隔をおいて撮影した写真を比較して，いくつかの渦巻き星雲の回転運動を測定したと主張していたのだ．回転の効果は信じられないくらいに小さなものだった．M101 という渦巻き星雲の場合には，0.02 秒角の位置ずれを測定したとファンマーネンは主張した．それは地球から見た月の角直径の約 0.001 パーセントにしかすぎない．その位置ずれから，星雲の実際の回転速度が計算できる．当然のことながら，実際に回転している天体の大きさが大きいほど回転速度も速いという結果になる．もし渦巻き星雲が銀河系と同じ大きさだとすると，ファンマーネンの測定値は，光の速度に匹敵するかそれを超える回転速度に対応していた．もしファンマーネンの測定値が正しいとすれば，渦巻き星雲は私たちに比較的近い距離にある小さな天体でなければならなかった．1921 年の論文の中でシャプレーは，ファンマーネンの結果は，島宇宙説を決定的に否定すると強調している．さらに，「明るい渦巻き星雲は島宇宙説が主張するほど遠い距離にあるはずがない」とも述べた．ほとんどの天文学者にとっては，ファンマーネンがそれほど精密な測定をできるとは信じられなかった．科学史家による後の研究から，ファンマーネンは間違っていたことがわかっているが，どのような原因によるものかは誰にもよくわかっていない．しかし，大論争の時代にあっては，彼のデータを信じるか否かは信義の問題であり，シャプレーは彼の友人を信じたのであった．

カーチスの宇宙像

　カーチスはファンマーネンの結果を信じなかった．そして彼はセファイドによる距離決定という新しい手法も信用しなかった．ワシントンの公開討論会で彼は，銀河系の大きさに関する従来のさまざまな見積もりをまとめたが，その中に少し嫌みっぽく 1915 年のシャプレーによる 2 万光年という小さな値も含めた．「銀河系の直径は最大で 3 万光年というのが古い見方をかなりよく代表する値である．本当はもう少し小さな値を引用しておくべきかもしれないが．」と彼は結論づけた．この 3 万光年という値は，シャプレーが 1920 年に提案した値のきっかり 10 分の 1 であった．カーチスはまた，太陽は正確に中心ではないが，銀河系の中心に「かなり近い」ところに位置するとも述べた．しかし彼にとってはこれらすべてのことは，前置きにすぎなかった．彼の関心の中心は，渦巻き星雲の正体とその距離だったのである．

　渦巻き星雲は私たちの銀河系と同じ規模の銀河であり，とてつもなく遠くにあるという主張の中で，カーチスが用いた鍵となる事実は二つあった．最初の事実はローウェル天文台のヴェスト・スライファーによる発見で，渦巻き星雲のほとんどは非常に高速度で私たちから遠ざかっているように見えるというものであった．この発見は，渦巻き星雲のスペクトル中にあるスペクトル線が，近傍の星や地球上の高温の物体のスペクトルと比較して，赤い側にずれて（偏移して）いる度合を測定することによって得られた．

太陽や星など高温の天体からの光は，プリズムを使って虹のパターン，すなわちスペクトルに分散させることができる．水素や炭素などの化学元素は，それぞれスペクトル中にちょうどスーパーマーケットの商品に付いているバーコードのような，明るい線からなる特徴的なパターンを生ずる[*6]．天体が私たちから遠ざかっている場合には，その速度に応じて，スペクトル線のパターン全体が赤いほう（波長の長いほう）に偏移する．これが有名な赤方偏移である．同様に，天体が私たちに近付いている場合には，スペクトル線のパターンは青いほうに偏移する（青方偏移）．銀河系の中を運動している星は，私たちに対して秒速0キロメートルから数十キロメートルの間の相対速度で近づくものもあり遠ざかるものもあるので，速度に応じた赤方偏移や青方偏移を示す．

　1920年代に入ると，暗い渦巻き星雲のスペクトル中のスペクトル線の位置を測定するために写真技術の粋が集められた．スライファーがアンドロメダ星雲（M31）のスペクトル写真を撮るのに成功したのは1912年のことであった．今日ではアンドロメダ星雲は私たちに最も近い渦巻銀河[*7]であることが知られている．彼はこの星雲が秒速300キロメートルというものすごい速度で私たちに近づいていることを示す青方偏移を見出した．これはその当時までに測定されたどんな星の速度よりも格段に大きな値であった．1914年までにスライファーは15個の渦巻き星雲のスペクトルを撮影した．そのうち青方偏移を示すものはアンドロメダ星雲を含む二つだけであった．それ以外の13個はすべて赤方偏移を示し，

そのうちの2個は秒速1000キロメートル以上で遠ざかっていることを示していた．1917年までにスライファーが赤方偏移を測定した渦巻き星雲の数は21個になったが，青方偏移を示すものは2個のままだった．現在でも青方偏移を示す銀河は二つしかない[*8]．渦巻き星雲の正体が何であれ，スライファーの測定した速度は渦巻き星雲が銀河系の一部であるはずがないことを意味していた．それらは，銀河系の重力で束縛できないほどの高速度で運動していたのである．1920年の時点では誰もこのような大きな後退速度の原因を説明できなかったが，カーチスはこれを，渦巻き星雲が私たちの銀河系とは無関係で，それ自身が「島宇宙」である証拠だと見なしたのである．

　カーチスの主張を支えるもう一つの主要な論点は，爆発的に突然明るくなる星の観測にかかわるものであった．これらの星はラテン語で「新しい」を意味する語にちなんで nova（新星）と名付けられた．その星が最初に観測されるときは，空の上で，それ以前にはどんな星も見えなかった場所に，文字どおり新しい星が出現したかのように見えるからである．しかし今日では，平穏な一生を送っていた肉眼では見えないほど暗い星が，爆発を起こして明るく輝くものが新星であるとわかっている．その爆発は星としては自然な現象であるが，日常の時間感覚では滅多に起きることではない．

　1920年にカーチスは，「過去数年間に約20個の新星が渦巻き星雲の中で，そのうち16個はアンドロメダ星雲中で出

現している.一方,私たちの銀河系の中で歴史上これまでに見つかった新星は約30個である」と指摘した.16個もの新星が出現したことは,アンドロメダ星雲の星が銀河系の星よりも新星になりやすいというわけでなければ,この星雲は莫大な数の星からできていることを意味した.そして,いくつかの渦巻き星雲に出現した新星の見かけの明るさ(暗さ)からすると,それらの真の明るさが銀河系の中で出現した新星と同じであるとすれば,渦巻き星雲は,カーチスの主張する銀河系の大きさと同じ程度のはずであった.それよりずっと大きければ,渦巻き星雲はより遠くにあることになり,そこに出現した新星の真の明るさは,銀河系中で出現した新星の真の明るさよりずっと明るいことになるからである.

 カーチスの主張には一つ「玉にきず」があった.昔のことだが,アンドロメダ星雲が渦巻き星雲とわかったまさにその年である1885年に,一つの星がその中で明るく輝いた.その星の見かけの明るさは,銀河系の中の典型的な新星の見かけの明るさとほぼ同じであった.ということは,星雲は銀河系の一部であるか,あるいは,もしカーチスが考えたほど遠距離にあるなら,その星は19世紀に銀河系で観測されたどんな新星よりも格段に明るく,太陽の10億倍も明るい超強力なタイプの新星であるかのどちらかを意味していた.これがカーチスの抱える難題であった.しかし彼は,新星には2種類あって,一方は他方よりずっと明るいのだとして,この問題を切り抜けた.これは当時の聴衆にとってはごまかしのように見えた.しかし,このまさに格段に明るい大爆発があ

ることが今日では知られている．それらは超新星（supernova）とよばれ，瞬間的には太陽の1000億倍も明るく輝くことがある．じつはこれは，一つの銀河にある星をすべて合わせたほどの明るさなのだ．

カーチスは議論を次のようにまとめた．

> 渦巻き星雲に出現した新しい星は，星雲が銀河であることの自然な帰結と思われる．渦巻き星雲中の新しい星と銀河系にある同種の星との比較から，渦巻き星雲までの距離は，アンドロメダ星雲ならおそらく50万光年，遠方の渦巻き星雲なら1000万光年以上であることが示される．このような遠距離にあるこれらの島宇宙は，多くの星からなる私たちの銀河系とほぼ同じ大きさであろう．

1921年に出版された論文で彼はさらに次のように述べた．

> 渦巻き星雲は銀河系の外にある銀河であって，その存在は，宇宙がより広大で，1000万光年から1億光年先まで広がっていることを示している．

決着しなかった論争

1920年4月26日にワシントンで行われた宇宙の大きさに関する論争では勝敗が決することはなかった．シャプレーもカーチスも，自分が論争に勝ったと確信した．それはどちらも勝利していないという確かな証拠であった．しかし，両者

図2 典型的な渦巻銀河の例．これはハッブル宇宙望遠鏡の広視野／惑星カメラ2号機（WFPC2）で撮影したNGC 4414である．

の主張はともに，ある部分は正しく，ある部分は間違っていた．最も重要なのは，シャプレーは当時まだ完全ではなかったセファイドによる距離を信用した点で正しく，カーチスは渦巻き星雲の正体が銀河であることを主張した点で正しかったことである．シャプレーは太陽が銀河系の中心からずっと離れていると考えたのも正しかった．銀河系の大きさに関する現在の最もよい推定値は直径約10万光年であるが，これはカーチスの推定値より3倍大きく，シャプレーの値の3分の1である．この点からすると二人は同程度に間違っていた．この数字は銀河系が平均的な渦巻銀河（図2）であるこ

とを示している．どのくらい平均的なのかについては第4章で述べることにしよう．「大論争」では決着を見なかったが，そこで浮かび上がった重要課題の大部分は後に，一人の男エドウィン・ハッブルの業績のおかげで，1920年代が終わる前には解決されたのである．

（＊訳注4）天文学では距離を測るために利用できる天体のことを距離指標とよぶ．ここでは次に述べる「セファイド」を指している．

（＊訳注5）夜空を見上げると，すべての天体はプラネタリウムのドームを想像させる丸い天井に貼りついているように見える．この仮想的な丸天井を天球とよぶ．天球上の「長さ」は観測者が見込む角度（角距離）で測る．地平線から天頂までの長さ（角距離）は90度，さらに反対側の地平線までは180度である．天球上での天体の「見かけの大きさ」も，観測者からその天体を見込む角度で測る．たとえば，太陽と月の天球上の見かけの大きさ（角直径）は，両者ともほぼ同じ0.5度である．天球上で同じ大きさに見えている天体でも，距離が違えば真の大きさは異なる．太陽の真の直径は140万キロメートルで月の約400倍大きいが，太陽は月よりも約400倍遠くにあるので，両者の見かけの大きさはほぼ同じになるのである．1度より小さい角度は「分」や「秒」の単位で表すことが多い．1度＝60分，1分＝60秒である．時間の分や秒と区別するために「角度分」，「角度秒」，あるいは数値につける単位としては「2分角」や「0.3秒角」などと表記することもある．1秒角は1度の3600分の1であり，1キロメートル先に置いた5ミリメートルの長さを見込む角度である．

（＊訳注6）明るい線になる場合と暗い線になる場合がある．前者を輝線，後者を吸収線とよぶ．星や銀河では暗い線になることが多い．

（＊訳注7）学術用語としては「渦巻き銀河」ではなく「渦巻銀河」が用いられるので，以後それに従う．

（＊訳注8）銀河系の近くの銀河からなる局所銀河群とよばれる集団に属する暗い銀河を含めれば，もっと多くの銀河が青方偏移を示している．

第2章
宇宙への距離指標

　銀河の研究が1920年代に飛躍的に発展したおもな理由は，大望遠鏡がつくられ，写真技術が改良されて暗い遠方の天体の詳細な画像（とスペクトル）が撮影できるようになったことにある．天体のスペクトルを写真に撮影して解析する写真分光技術は星雲の光が赤方偏移していることを発見する鍵であったし，変光周期が長いセファイドほど真の明るさが明るいというセファイドの周期-光度関係の発見はまさに写真技術なしにはあり得なかった．1918年に，カリフォルニアのウィルソン山に直径2.5メートル（100インチ）の反射鏡をもつ望遠鏡が稼働しはじめた．それはその後約30年間は世界最強の望遠鏡であり，エドウィン・ハッブルはこの望遠鏡を用いて，銀河の距離を測り，宇宙の大きさを決める歩みを進めたのである．

ハッブル登場

　ハッブルは1914年から1917年にかけて，天文学者としての最初の一歩を，シカゴ大学附属のヤーキス天文台で博士課程の大学院生として踏み出した．そこでの彼の研究課題は，

1メートルの屈折望遠鏡で暗い星雲の写真を撮ることだった.それは当時,世界最大の望遠鏡であった.屈折望遠鏡としては現在でも最大口径である.一般論として,同じ口径ならば,鏡を使う反射望遠鏡よりもレンズを使う屈折望遠鏡のほうがより強力である.一方,反射望遠鏡の鏡は,入射光を遮ることなく背面から支えることができるために大口径のものをつくりやすい.この研究でハッブルは,星雲の性質を調べ,見かけの形態による分類を行った.その結果彼は1917年までには,渦巻き星雲[*9]は銀河系の外にあるに違いないと確信した.

銀河の形態分類

　彼のこの確信をさらに進めるにはまだ時間が必要だった.というのは,1917年4月にアメリカが第一次世界大戦に参戦したことを受けて,ハッブルは学位論文を完成してすぐに軍隊に志願入隊したからである.彼はフランスに赴き少佐にまで昇進したが,実際の戦闘に参加することはなかった.ハッブルがウィルソン山天文台のスタッフになったのは1919年9月のことであった.彼はできたばかりの2.5メートル望遠鏡を最初に使った人たちの一人である(図3).彼はそこで学位論文のアイデアを発展させ,1923年に星雲の形態分類体系を完成させた.ハッブルは自分の研究対象を指すのにいつも「星雲」という語を使ったが,それが銀河系の外の天体であると確信していた.彼の確信は正しいことがすぐに証明され,それらは現代の用語法では「銀河」とよばれている.ハッブルの初期の研究から生まれた最も重要な成果は,

図3 エドウィン・ハッブルが銀河の距離を測るために使ったウィルソン山天文台の2.5メートル(100インチ)フッカー望遠鏡.

よく目立つ渦巻銀河のほかにもさまざまな種類の銀河が存在しているということである.

　小マゼラン雲(とそれと対をなす大マゼラン雲)のような,比較的少数の小さくて不規則なかたちをした銀河は別として,すべての銀河は見かけのかたちによって分類される.円か楕円か,あるいは細長いレンズのようなかたちをして,内部構造がなくのっぺりと見えるものは「楕円銀河」とよばれる.「渦巻銀河」には腕のきつく巻いたものやゆるやかなものがあり,渦巻きの腕が銀河の中心から直に出ているものと,銀河の中心を貫く棒のような構造の両端から出ているものがある.これらの銀河は進化の段階を表すとハッブルは考

えた．棒状構造の有無にかかわらず，渦巻銀河は回転の結果として渦巻腕[*10]がしだいにきつく巻き込んで，最終的には楕円銀河になるというわけである．彼のこの考えは完全に間違っていたが，そのことは見かけの形態に基づく彼の分類体系には影響を与えなかった．宇宙における最も大きな銀河は巨大楕円銀河であるが，渦巻銀河より小さな楕円銀河もある．最初は渦巻銀河と見なされていた円盤形のものでも渦巻き構造のまったくない（！）ものがあることも今日では知られている[*11]．

偶然の大発見が明らかにした渦巻き星雲の正体

ハッブルの着任当時，シャプレーもウィルソン山天文台にいたが，シャプレーは1921年3月にハーバード大学天文台に移ったため，二人がともに過ごした期間は短かった．ハッブルが2.5メートル望遠鏡を用いて，星雲は銀河系の外にあるほかの銀河であることを証明しようとしはじめたときには，それに異を唱えたであろうこの年長の天文学者はすでにウィルソン山天文台にはいなかったのである．それはともかく，観測技術は進み続け，島宇宙説は1920年代の初めには支持を得はじめていた．スウェーデンの天文学者クヌート・ルンドマークは当時リック天文台とウィルソン山天文台を訪問していた．彼はM33星雲のとても良質の写真を撮った．彼は星雲のざらざらした見え方から，それが星からできていると納得した．ただしシャプレーはそれでも納得しなかった．1923年にNGC 6822星雲中に数個の変光星が発見された．しかし，それらがセファイドと同定されるには1年ほどかか

り，そのときまでにはハッブルはアンドロメダ星雲の中にセファイドを見つけるという大発見を成し遂げていたのだった．

ハッブルはじつのところセファイドを探していたのではなかった．形態分類体系を完成させた彼は，1923年の秋に，カーチスの主張の主要な論拠である新星を，アンドロメダ星雲の渦巻腕の中で発見できないかと考えて，2.5メートル望遠鏡による一連の写真観測を開始したのだった．観測をはじめてほどなく，その年の10月の第1週に彼は，写真乾板上で新星のように見える三つの明るい点を発見した．2.5メートル望遠鏡はもう数年前から観測を続けていたので，シャプレーや，その後何年もの間ハッブルの最も緊密な共同研究者となるミルトン・ハマソンらが撮影したアンドロメダ星雲の同じ部分の写真[*12]を含む，写真乾板のアーカイブが存在した．それらの写真乾板の記録から，ハッブルが暫定的に新星とした明るい点の一つが，じつは変光周期が31日あまりのセファイドであることがわかった．セファイドの距離決定に関するシャプレーの目盛を使うと，その距離は即座に求まり，約100万光年（300キロパーセク）となった．これはシャプレーが推定した30万光年という銀河系の直径の3倍にもなる値であった．星間減光の問題もあって後にこの距離は大幅に改訂され，現在ではアンドロメダ星雲の距離は約230万光年（700キロパーセク）であり，銀河系の直径の約20倍の距離にあることがわかっている．しかし1923年時点で重要であったのは，距離の正確さではなく，ハッブルが彼のほとんどはじめての星雲の観測から，M31が銀河系の外に

あってそれと同規模の銀河であることを，一撃の下に示したことであった．

それから数か月の間に，ハッブルは M31 とほかの星雲の中にセファイドや新星を発見した．M31 の中にセファイドをもう 1 個，新星を 9 個発見したが，それらはいずれもほぼ同じ距離にあることを示していた．彼はこれらすべての発見をまとめた論文を，1925 年 1 月 1 日にワシントンで開かれた，アメリカ天文学会とアメリカ科学振興協会が合同で開催した総会で発表した．じつはハッブル自身はその総会には出席しておらず，ヘンリー・ノリス・ラッセルが論文を代読したのであった．しかし，ラッセルがハッブルを擁護する必要はなかった[*13]．この総会では，渦巻き星雲の正体がついに明らかになったこと，そして銀河系は，ずっと大きな宇宙の中の一つの島にすぎないということが参加者の合意となった．この総会よりも前にハッブルはこの発見を知らせる手紙をシャプレーに書いていた．シャプレーの指導の下で学位論文を書きはじめていた天文学者セシリア・ペイン=ガポシュキンは，シャプレーがその手紙を読んだときにたまたま彼の部屋にいた．彼はその手紙をセシリアに手渡して，「これが俺の宇宙をぶち壊した手紙だ」と言った．「大論争」はこうして終わりを告げた．ハッブルがセファイドによる距離決定法を用いて成功を収めたことで，（カーチスではなく）シャプレーの銀河系モデルにより近く，とくに太陽が銀河系の中心から外れているという宇宙の姿が確立されたことは，シャプレーにとってはいくらか慰めになることだったのかもしれ

ない．

ハッブル流の距離の測り方

　しかし，もしシャプレーの宇宙が打ち壊されたとすれば，新しい宇宙，すなわち，ハッブルの宇宙はどのようなものであったのだろうか？　宇宙はきわめて大きいため，2.5 メートル望遠鏡でさえごく近距離にある銀河のセファイドしか観測できない．より小さな望遠鏡を使っている天文学者はさらに不利だった．宇宙の大きさを測ることの魅力にとりつかれ，ほとんど強迫観念まで抱いたハッブルは，セファイドが使えない遠方の銀河の距離を測る別の方法を見つけなければならなかった．そして彼は，1920 年代の半ばにその仕事に取りかかったのである．

　ハッブルは，観測家が宇宙のより遠くへと手を伸ばすために使う一連の距離指標をすべて使った．セファイドの明るさはごく近傍の銀河の距離を決めることができる程度である．1990 年に打ち上げられ，彼にちなんで名付けられたハッブル宇宙望遠鏡の登場までは，セファイドで距離の決められた銀河は 10 個にも満たなかった．しかし新星はセファイドより少し明るいので，少し遠くの銀河でも観測できる．ひとたび M31 の距離がセファイドで決まれば，M31 に現れた新星の真の明るさを知ることができる．そして新星の真の明るさはどれでも同じと仮定すれば，M31 より少し遠くの銀河に出現した新星の見かけの明るさからその銀河の距離を決めることができる．2.5 メートル望遠鏡とその後に登場した望遠

鏡が近傍銀河の星を一つひとつ分解できる能力をもっていたので，ほかの距離指標も使えるようになってきた．銀河の中で最も明るい部類の星はセファイドよりずっと明るいので，新星と同じ方法で距離指標として使うことができる．今度は，星の明るさには上限があるはずだろうから，どんな銀河であれ，その中で一番明るい部類の星の真の明るさは同じと仮定するのである．ハッブルはほかの銀河にある球状星団を観測することもできた．そして，銀河にある球状星団のうちで最も明るいものはほぼ同じ明るさに違いないと推測した．ひとたびその正体が明らかになると，超新星も同様の方法で，距離指標の仲間に加えられた．

　それよりおおざっぱで容易な距離推定法は，銀河全体の明るさや天球上での見かけの大きさを用いるものである．もし渦巻銀河がどれもM31と同じ大きさと明るさをもっているとしたら，観測された大きさや明るさをM31の対応する値と比較して（M31の距離はわかっているので）それらの距離を決めるのは容易である．しかし残念なことに，事実はそれほど簡単ではない．ハッブルはそのことを知っていた．しかし，何もないよりはましなので，彼は見かけが同じように見える銀河の性質を観測して比較し，距離について少なくとも何らかの目安を得ようとした．

　これらの距離指標のどれも完全なものはないが，ハッブルは各々の銀河に可能な限り多数の指標を適用すれば，それぞれの指標の誤差や不確かさが平均化されて小さくなると期待

した．これには時間がかかったが，1926年には，ハッブルは銀河系のまわりにある銀河の分布を描き出しはじめた．ヴェスト・スライファーをはじめとする数人の天文学者たちによって得られた赤方偏移のデータの中に見られていたヒントはハッブルにとって，遠方宇宙へと大きな一歩を踏み出すのに十分であった．

1925年までに得られた銀河のスペクトルのうち39個は赤方偏移を示していて，青方偏移は依然として2個だけであった（図4）．スライファーが4個を除くこれらのすべての赤方偏移を測定した最初の人物であった．しかし間もなく彼は，使っていたローウェル天文台の60センチ望遠鏡の能力の限界に突き当たり，結局43個までしか赤方偏移を測定できなかった．これらのデータから，遠方の銀河ほど大きな赤方偏移を示すという兆候が，かすかではあるが見られた．このことに気付いている人々も中にはいたが，いまや世界最強の望遠鏡を使用できる立派な天文学者となったハッブルは，それが事実かどうかを検証する最も適切な人物であった．彼の研究の動機は，銀河の赤方偏移と距離の間に，彼の「距離はしご」[*14]の最終段として使える厳密な関係があるかどうかを見出すことだった（もしそれがあれば，銀河の赤方偏移を測定するだけで宇宙全体を通して距離が測れるのである）．

赤方偏移と距離の関係

1926年にハッブルは，銀河の赤方偏移と距離の間の関係を見出す計画を開始した．彼はすでに多くの銀河の距離を決

運動していない天体：スペクトル線の偏移なし

7000　　　　　　6000 オングストローム 5000　　　　　　4000

遠ざかっている天体：スペクトル線は赤方偏移する

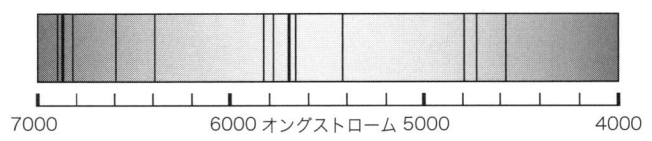

7000　　　　　　6000 オングストローム 5000　　　　　　4000

近付いている天体：スペクトル線は青方偏移する

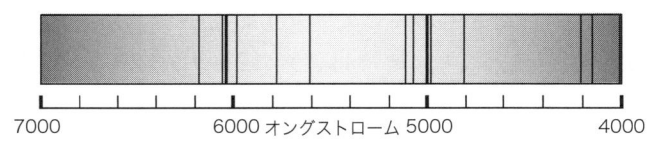

7000　　　　　　6000 オングストローム 5000　　　　　　4000

図4 観測者に対する星の速度と運動方向によって，スペクトル中のスペクトル線のずれの量が決まる．光源（天体）が観測者から遠ざかっているときには，波が「引き伸ばされて」波長が長くなり，スペクトル線は赤い側にずれる（赤方偏移）．光源が近付いているときには，波は「圧縮されて」波長が短くなって，スペクトル線は青い側にずれる（青方偏移）．赤方偏移から光源の後退速度が計算できる．

めていたが，その後何年もかけてより多くの銀河の距離を決めたいと考えた．しかし 2.5 メートル望遠鏡は赤方偏移を測る観測に用いられたことはなかったので，この困難な仕事のために望遠鏡を調整し，骨の折れる測定作業を喜んで行う有能な共同研究者を必要としていた．彼は，リーダーはあくまで自分であるとわかるように，すぐれた観測家ではあるが自

分より年下のミルトン・ハマソンを選んだ．2.5 メートル望遠鏡をこの新しい役目が果たせるように調整する困難な作業がすべて終わった後で，ハマソンは最初の赤方偏移の観測対象として，スライファーの限界よりも暗い銀河を意図的に選んだ．彼はスライファーが測定した最大の速度の2倍以上大きな秒速 3000 キロメートルの速度に対応する赤方偏移を得た．ハッブルとハマソンの協力関係は成功を収め，走りはじめた．

1929 年までにハッブルは，赤方偏移と距離の間の関係を見つけたと確信した．しかも，たんなる関係ではなく，彼が望んでいた最も単純な関係であった．赤方偏移は距離に比例していたのである．距離は赤方偏移に比例していた，と言うほうがハッブルにとっては重要だったろう．ある銀河の赤方偏移より2倍大きな赤方偏移を示す銀河は，その銀河より2倍遠いのである．1929 年に出版された共同研究の最初の結果は，距離と赤方偏移がともに測定されているわずか 24 個の銀河に基づくものであった（図 5）．この結果からハッブルは，赤方偏移–距離関係[*15] の比例定数を 100 万パーセク（1 Mpc）あたり，秒速 525 キロメートル（525 km/s/Mpc）と計算した．すなわち，秒速 525 キロメートルに対応する赤方偏移を示す銀河の距離は 100 万パーセク（326 万光年）で，秒速 1050 キロメートルなら 200 万パーセクという具合である．この 525 という数字は，ごく少数の銀河のあまり良質ではないデータから求めたもので，その3桁の精度を保証するものは何もなく，いわば「希望的観測」であった．しか

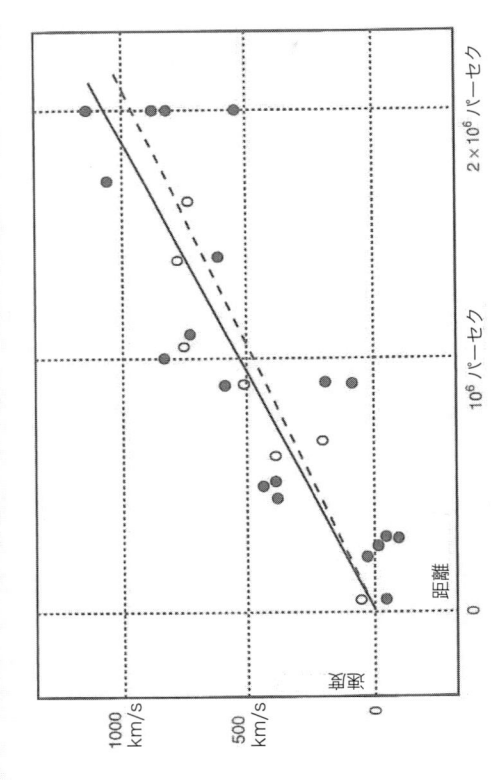

図5 ハッブルのもともとの「赤方偏移-距離関係」は、1929年に出版されたデータのかなり楽観的な解釈によるものである。1931年までにはなされたハマソンとの仕事で、より説得力のある結果が得られた。

し 1931 年にハッブルとハマソンは論文を発表し，秒速 2 万キロメートルに相当する赤方偏移までのさらに 50 銀河のデータを加えて，3 年前に求めた数値をより精密にした．明らかにハッブルは 1929 年時点でそのうちのいくらかのデータをもっていたのだが，何らかの理由によって，それを発表しないという選択をしたのである．

ハッブルは，赤方偏移-距離関係が存在する理由を知らなかったし気にも留めなかった．彼はそれが，ほかの銀河が私たちから遠ざかっていることを示す，ということさえ主張しなかった．赤方偏移は伝統的には毎秒何キロメートルというように運動に結び付けて解釈されるが，重力場のような運動以外の要因でも，赤方偏移は引き起こされる．ハッブルはとても用心深かったので，1930 年代には知られていなかった原因があるかもしれないと考えた．著書『銀河の世界（*The Realm of the Nebulae*）』の中で彼はこう述べている．

> 赤方偏移を速度と関連づけて表現するのは便宜上のことであろう．赤方偏移の本当の原因が何であろうとも，それは速度に起因する偏移として，速度の単位でとても単純に表現できる．注意深く考えられた記述では「見かけの速度」という語が用いられるが，一般的な言い方では「見かけの」という形容詞はいつも省略される（強調は本書の著者による）．

赤方偏移-距離関係の原因が何であれ，それは宇宙の大きさを測定する究極の手段であることが証明され，比例定数は

ハッブル定数とよばれ H^{*16} の記号が使われるようになった.1931 年以来,銀河系の外の銀河の距離を測る目的は,ハッブル定数の正確な値を求めること,と単純に置き換えることができた.本章で述べたことが,銀河および宇宙全体の中での銀河の位置付けにどのような意味をもっているかを見る前に,宇宙の中の私たちの住み家,ふつうの渦巻銀河である銀河系,についての現在の理解を要約しておくのがよいだろう.

(*訳注 9) 後述するように星雲にはさまざまなものがあるが,本書に引用されるようなはっきりとした渦巻き構造をもつものは,実際の大きさも銀河系と同じかそれ以上であるので giant spiral とよばれた.しかし,天球上の見かけの大きさが巨大というわけではないので,和訳ではこれをたんに渦巻き星雲とした.

(*訳注 10) 学術用語としては「渦巻き腕」ではなく「渦巻腕」と表記する.「渦状腕」ということもある.

(*訳注 11) 渦巻き構造のない円盤状の銀河は「レンズ状銀河」あるいは「S0(エスゼロ)銀河」とよばれている.また,「渦巻銀河」と「S0 銀河」を合わせて「円盤銀河」とよぶ.

(*訳注 12) アンドロメダ星雲は見かけの大きさが大きいので,2.5 メートル望遠鏡の 1 視野には収まらない.どこか一部を狙って写真を撮るのである.

(*訳注 13) ハッブルはこの結果がウィルソン山天文台の同僚で年長のファンマーネンの結果と矛盾するので,自ら発表するのをためらい,ハッブルの結果の重要性を見抜いた大御所のラッセルの勧めにもかかわらず,会合に出席しなかったと言われている.

（*訳注 14）天体の距離決定は，近い天体から遠い天体へと「はしご」をいくつも継ぎ足して測ることにたとえられる．最も近い恒星までの距離は年周視差に基づく三角測量で決められる．次にそれらの星までの距離をもとにして，さらに遠くの星（たとえばセファイド）の距離を決める．次にセファイドを用いて近距離の銀河の距離を決める．さらに，それらの近距離銀河をもとにしてより遠方の銀河までの距離を決める．それぞれのはしごにおいて使われる距離決定法が異なる．この様子から宇宙における天体の距離決定は「宇宙の距離はしご」と称されることがある．

（*訳注 15）ハッブルおよび後の天文学者の多くが「速度-距離関係」という用語を使っているが，後に出てくるように，赤方偏移は銀河の運動によるものではないために，著者は一貫して「赤方偏移-距離関係」という用語を使っている．

（*訳注 16）ハッブル定数は宇宙の現在の膨張率を表すので，「現在」を示す添え字 0 をつけて H_0 と書かれることが多い．

第 3 章

私たちの島宇宙：銀河系

　天体観測に関する絶え間ない技術進歩のおかげで，1920年代以降，銀河系に関する私たちの理解は劇的に深まってきている．（ハッブル宇宙望遠鏡を含めて）可視光で観測する大口径で高性能の望遠鏡が次々に登場するのに加え，電波望遠鏡で得られたデータや，人工衛星に搭載した赤外線，X線，その他の検出器によるデータも増え続けている．高感度の電子的光検出器によって，ハッブルの時代の写真や分光装置に比べれば，暗い天体に関するはるかに多くの情報が得られている．また，現代のコンピュータの高い能力によって，理論予測と観測結果を比較することが当時よりも格段に容易になっている．

正体不明のダークマター

　1920年代以降の銀河系に関する最も根本的な発見は，銀河系内のすべての星々を合わせても，その質量は銀河系全体の質量のほんのわずかの割合でしかないということである．銀河系全体が回転する様子から，星からなる明るい円盤（ディスク）の回転速度は，ほぼ球形をしたダークマター（暗黒

物質)からなるハローの重力(万有引力)とつり合っていることが明らかになった.そのダークマターのハローは,ハッブルが考えた銀河系全体の約7倍もの質量がある.このことは,宇宙全体に対する私たちの理解に根源的な意味合いをもっている.というのは,通常の物質とダークマターの比はどの銀河でも同じように見えるからである.このことの宇宙論的な意味合いはピーター・コールズ著『宇宙論(*Cosmology*)』(2001年,オックスフォード大学出版局)に述べられている.なぜダークマターが存在するのかということを別にすれば,最も重要な点は,ダークマターは光を出さない低温のガスやダスト(塵)ではないということだ.それは太陽や星や私たち人間をつくっている種類の原子ではなく,まったく別のものである.誰もそれがどんなものか正体を詳しく知らないので,それはたんに「冷たいダークマター(Cold Dark Matter)」とよばれ,CDMと略記される.

銀河系における太陽の位置

　太陽は平均的な星である.太陽より質量の大きい星もあれば小さい星もある.しかしどの星も同じ原理で輝いている.星の中心核では,軽い元素(とくに水素)をより重い元素(とくにヘリウム)に変換する核融合反応が起きており,その反応で生み出されるエネルギーが星を輝かせ続けているのである.おおざっぱに言うと,直径約28キロパーセク(約9万光年)の銀河系の円盤部には少なくとも300億個程度の星があると推定されている.森の大きさを内部から測るのは難しいように,円盤の正確な大きさには不確かさがいくらか

あるので,しばしば 30 キロパーセクと 10 万光年というきりのよいどちらかの数値が使われている.円盤の中心にはバルジとよばれる膨らんだ構造がある.それは外から横向きに見ると,二つの目玉焼きの裏側を貼り付けたときにできる二つの黄身のように見える星の集まりである(貼り合わせた白身が円盤である).円盤全体がハローとよばれるほぼ球形の領域に分布する古い星と球状星団に包み込まれている.ハローには銀河系で最も古い星々が含まれている.球状星団は 150 個あまり知られているが,天の川に隠されて見えていない部分にもう 50 個程度あると考えられている.

星が空間内で運動する様子はドップラー効果を使って調べることができる.この効果によって,私たちから遠ざかっている星のスペクトル線は赤い側にずれ,私たちに向かって近づいてくる星のスペクトル線は青い側にずれる.そのずれの量から星の視線速度がわかる[17].これは,運動する物体から出る音波(たとえば救急車のサイレン)が近付いているときには高い音に聞こえ,遠ざかるときには低い音に聞こえるのとまったく同じである.クリスチャン・ドップラーが 1842 年にこのことを予測し,1845 年にバロットが一定の高さの音を吹くトランペット奏者を列車に乗せてその現象を確認した.表面的には,この効果は銀河の光に見られる赤方偏移に似ている.しかし,宇宙論的な赤方偏移(72 ページ参照)は空間内での銀河の運動によるものではなく,したがってドップラー効果ではない.

太陽は，銀河系中心から円盤の端までの距離の約3分の2ほどのところ（中心から10キロパーセク足らずの位置）にある．円盤を構成するほかの星々と同様に，太陽は銀河系中心のまわりを秒速約250キロメートルでほぼ円軌道を描いて回転しており，1周する周期は2.5億年より少し短い．星の年齢は，その全体的な様相（とくに色と真の明るさ）を星の進化モデル（中心核での燃料の消費に伴って星がどのように変化するかを計算した理論モデル）と比較して決められる．太陽の場合には，地球の岩石や隕石の放射線年代測定法から太陽系の年齢を推定することによっても，その年齢が確認されている．太陽と太陽系は誕生後約45億年経っており，その間に銀河系中心のまわりを約20回も回ったことになる．しかし，最初の人類である現代のホモサピエンスが地上に出現してから今日までの期間では，1周の1000分の1しか回転していない．銀河系で最も古い星の年齢は130億年あまりで，太陽の年齢の3倍である．

星の生まれる場所：渦巻腕

　中心のバルジの外側では円盤の厚みは約300パーセク（約1000光年）しかない．太陽系は円盤の赤道面から6～7パーセク外れているだけで，ほぼ赤道面にあると言ってよい．上から見ると銀河系は，先ほどのたとえの目玉焼きのようだが，バルジの中心（黄身）を横切る8～9キロパーセクの長さの棒で黄身の形は崩れている．しかし目玉焼きの白身部分（円盤部）には，中心から外に向かって巻き出ていく，比較的きつく巻いた4本の渦巻腕を同定することができる．ほか

の渦巻銀河と同様に，渦巻腕は明るく輝いている．それは，生まれたばかりの若い高温度の星がたくさんあるからである．これらの星は明るいだけでなく大きくもある．より大きい（大質量の）星ほど，自らの重力に抗して安定状態を保つために，激しく燃料を燃やさなければならないので，より早く燃料を消費しつくしてしまう．渦巻腕は星が生まれる場所である．太陽のような小質量で長寿命の星も渦巻腕で生まれるが，それほど明るくは輝かない．太陽系は現在，2本の主要な渦巻腕の間を結ぶ橋のような，オリオン腕あるいはたんに局所腕[*18]とよばれる短い腕の中にある．

おもに銀河系（およびほかの銀河）の渦巻腕と円盤部にある星は，種族Ⅰとよばれる．太陽は種族Ⅰの星である．種族Ⅰの星は，それ以前の世代の星の中でつくられた重い元素を含んでおり，この重元素を含む物質から地球のような惑星がつくられる．銀河系のハローや球状星団やバルジにある，種族Ⅰより年齢の古い星は種族Ⅱとよばれる．これら年齢の古い星は種族Ⅰよりも赤い色をしている．それらはずっと昔，銀河系が誕生して間もない頃に生まれた星で，おもに，ビッグバンで宇宙が誕生した直後に存在した，原初の水素とヘリウムでできている[*19]．種族Ⅰの星や私たちの体をつくっている重い元素は，過去の世代の星の中でつくられた．楕円銀河はほとんど種族Ⅱの星からできている．

銀河系のような銀河に見られる渦巻腕のパターンは星の集まりではない．もしそうだとすると，何らかの方法で維持さ

第3章　私たちの島宇宙：銀河系

れないことには，星々はそれぞれの軌道を運動しているので，渦巻腕はほぼ10億年のうちにかき消されるであろう．銀河系の中心を回転するガスとダストの雲が，渦巻腕を横切るときに衝撃波により圧縮されて星が生まれるが，渦巻腕はじつはその「星生成の波」なので，消えないのである．この銀河衝撃波は，超音速物体が発する衝撃波と同じ種類のものである．銀河系円盤の中を回転する衝撃波は，生まれたばかりの若い星々によってくっきりと目立って見えるのである．

よく用いられるたとえは，交通量の多い高速道路の内側車線を大きな低速車がふさいでいるときに起きる交通渋滞である．多数の高速の車が大きな低速車に追いつくと一部は外側車線に押し出されつつそこに渋滞し，低速車の前では車がまばらになる．渋滞は高速道路上を低速車と同じ一定の速度で移動する．しかし次々に新しい車が後方から渋滞に加わり，前方に抜けていくので，渋滞の中にある車はつねに入れ替わっている．これと同様に，渦巻腕は一定の角速度で銀河円盤内を回転し，新しいガスとダストの雲が次々にそこに加わり圧縮された後に抜け出していく．それらの雲の中には十分圧縮されて星を生むものがあり，渦巻腕では継続的に星が生まれ続けるのである．

この星生成は持続的な現象ではあるが効率はそれほど高くない．もしそれがきわめて高い効率をもっていたとしたら，現在までに銀河系は自らのもつガスとダストのすべてを星に変えてしまっていただろう．実際には，銀河系の中で新しい

星を生むために1年間に使われる物質の量は，太陽の質量の数倍でしかない．これは，年老いた星が寿命を終えて星間空間に戻す物質の量とほぼつり合っている．このつり合いのおかげで，星の誕生，生まれてからの一生，そして死というプロセスは，渦巻銀河の中で何十億年も持続することができるのである．これはまた，銀河系が誕生した直後の短い期間には，非常にたくさんの星が誕生したに違いないことを意味する．スターバーストとよばれるそのような劇的な出来事が観測されている銀河もある．

星が生まれるプロセス

　ガスとダストからなる雲が自分の重力でつぶれて星（あるいは複数の星々）を生むことはそう簡単ではない．難しい理由は二つある．第一は回転である．すべてのガス雲は，たとえわずかでも必ず回転している．このため，重力で収縮するとより速く回転するようになり，遠心力が重力に対抗する．このため雲は，（星になるためにより小さく収縮するためには）角運動量を外に捨てるような仕方で分裂しなければならない．第二は熱である．収縮するガス雲は，重力エネルギーが解放されるにつれて高温になる[*20]．この熱を外部に放射して失わない限り，さらなる収縮は高温ガスの圧力で妨げられる．角運動量問題は，ガス雲がいくつかの星に分裂することで解決できる．雲の角運動量をたがいのまわりを回る星々の軌道運動の角運動量に変換すればよい[*21]．平均的に言って，100個星が生まれれば60個は連星系で40個は三重連星である．太陽のような単独星は，このようにして生まれた三

重星系から,後に外部にはじき飛ばされたものと考えられている.熱の問題は,一酸化炭素などの分子によって解決される.ガス雲に含まれるこれらの分子は,温められると熱を赤外線として外部に放射する.しかし,星生成が困難なプロセスであることは間違いない.さまざまな星がともかくも実際に存在すること自体が驚異である.

　星生成はおそらく,直径1000パーセク程度で太陽質量の1000万倍もの物質を含む巨大なガス塊の中ではじまる.その中にある個々のガス雲は直径数十パーセクで太陽質量の10万倍程度の物質からなっているだろう.ガス雲の重力崩壊[*22]に至る最初の圧縮は,超新星とよばれる大質量星の爆発が原因である可能性が最も高い.重力収縮するガス雲中での乱流の渦から直径約0.1パーセクで太陽質量の約70パーセントをもつコアが形成される.しかしガス雲全体の質量のうち,このようにしてコアになるのはほんの1〜2パーセントにすぎない.さらにこのコアの中で,太陽質量の1000分の1にしかすぎないずっと小質量の内部コアが,自らが星になるのに十分なほど高い密度に達して,星の誕生過程がはじまる.このコアを取り巻く物質が重力に引かれてコアに降り積もって星の質量が増大していく.最終的にどんな質量の星になるかは,コアのまわりにどれくらいの量の物質があるかによって決まる.ひとたび星が輝き出すと,その放射が周囲に残っていた物質を吹き飛ばしてしまう.

　星生成の一連のプロセスはきわめて短期間に終わる.ガス

図6 オリオン座にある星生成領域．スピッツァー宇宙望遠鏡による赤外線の画像．

雲の重力崩壊からはじまり，できたばかりの若い高温度星が残存するガスを吹き飛ばし，星団が姿を現すまでの時間はほぼ1000万年以内である．このプロセスの終わり頃の状態は近距離にあるオリオン星雲中に見られる（図6）．しかし，星団の中には太陽よりもずっと大質量で，中心部の燃料をすぐに使い果たす星を含むものがある．それらは超新星という大爆発で一生を終える星々である．超新星による衝撃波は星間物質と衝突し，ガスとダストの雲が重力崩壊するきっかけを与える．星生成は以下に述べる負のフィードバックの助けを借りて，銀河系のような渦巻銀河を定常状態に保つ持続的なプロセスのように見える．もし平均より多数の星が，ある世代あるいはある場所で生まれたなら，それらの星から放出されるエネルギーは平均より広い領域からガスとダストを吹き払い，次の世代につくられる星の数を減少させるだろう．一方，もし平均より少ない数の星しか生まれなかったら，よ

り多くのガスとダストが残って，次の圧縮が起きたときにより多くの星が誕生するであろう．このように，星生成プロセスはつねに，平均からのずれを平均に戻そうとする傾向（負のフィードバック）を内包しているのである．そして，超新星爆発を起こすような大質量星は数百万年（太陽の年齢である46億年と比較すると一瞬である）で燃え尽きるので，このプロセスのすべては渦巻腕の中という（銀河全体から見れば）せまい場所で起きる．こうして渦巻腕はつねに若い星が生まれては死ぬ，青く輝く場所として持続するのである．

ブラックホール

　銀河系の中心は，渦巻きのパターン全体がそのまわりを回転する円盤の幾何学的な中心であるだけでなく，大きな意味をもっている．そこには太陽質量の約400万倍の質量をもつブラックホールが存在する．第7章で見るように，銀河の中心にあるこのようなブラックホールは，そもそも銀河という天体が存在することの鍵を握っているのである．

　ブラックホールの最も一般的な解説には，太陽質量の数倍という小質量のブラックホールに関するものが多い．それらは太陽質量の20〜30倍以上の星が一生を終えるときにできる．すべての燃料を中心部で使い果たし，もはや熱を発生できない星の燃えかすは，自らの重力を支えることができずに，重力崩壊し，収縮が止まらずについに（一般相対性理論に従って）特異点とよばれる体積ゼロの一点に収縮してしまう．星の燃えかすをつくっていた原子やほかの素粒子，陽

子，中性子，そして電子はこの過程で押しつぶされて存在しなくなる．特異点に到達する前に一般相対性理論が破綻するのはほとんど確かだが，それが起きるずっと前に，収縮する天体の重力は，何ものも，光さえ抜け出すことができないほど強力になる．これがブラックホールという名前の理由である．何が起きているかを想像する一つの方法として，ブラックホールからの脱出速度は光速を超えていると考えてみるとよい．何ものも光速を超えて運動することはできないので，ブラックホールからは何も出てくることができないのである．

　実際には，どんな天体でもそれが十分に圧縮されればブラックホールになる．どんな質量の天体に対しても，それがブラックホールになるためのシュワルツシルト半径とよばれる限界の大きさがある．太陽の場合シュワルツシルト半径は約3キロメートルで，地球では1センチメートル弱である．どちらの場合でも，もし全質量がそれぞれのシュワルツシルト半径内に詰め込まれればブラックホールになる．

　ブラックホールそのものは見えないが，それは周囲に重力的影響を及ぼし，周辺で激しい現象を引き起こす．その現象が観測されるので，ブラックホールの存在がわかるのだ．恒星質量ブラックホール[*23]は，それらがふつうの星と連星系をつくっている場合に検出できる．連星系をなす相手の星の軌道運動に及ぼす直接的な重力効果から，ブラックホールの質量がわかる．相手の星から引き出された物質は，漏斗の口

を通るかのように絞り込まれてブラックホールに吸い込まれていく．吸い込まれる物質が加速されたがいに衝突するにつれ，非常な高温度になり，X線が放射される．

　これら恒星質量ブラックホールは極限まで圧縮された物質からできたものである．ところが，銀河系の中心にあるブラックホールは違う種類の「怪獣」である．奇妙なことではあるが，アルバート・アインシュタインが一般相対性理論を発表するずっと前に理論家の好奇心をそそったのは，この大質量ブラックホールであった．英国王立協会の会員であったジョン・ミッチェルは1783年に，ニュートンの万有引力の理論によれば，太陽の直径の500倍（木星軌道の直径の約7割）の大きさの天体で，太陽と同じ密度をもつものがあれば，その脱出速度は光速度より大きくなることを指摘した（ミッチェルは「脱出速度」という語は使わなかったが，現在言うところの脱出速度と同じものであった．アインシュタインの理論ももちろん同じ予言をする）．そこには超高密度は登場しない．というのは太陽の平均密度は水の密度の1.4倍にしかすぎないからである．フランス人のピエール・ラプラスも1796年に独立に同じ結論に到達した．彼は次のように述べている．これらの暗黒の天体を直接見ることは決してできないが，「もし光を出す何らかの天体がたまたまそのまわりを回っているならば，その天体の回転運動から，おそらく中心に，見えない暗黒天体があることを推測できるであろう．」それから2世紀の後，銀河系中心核にブラックホールが存在することが示されたのは，まさにこの方法によってで

あった．

銀河系中心のブラックホール

　銀河系の中心は，空の上でいて座の方向にあるが，いて座の星よりはずっと遠方にある．星座は，その多くが古代に名づけられたもので，近距離の星々がかたちづくるパターンである．星座をかたちづくる星々は明るいが，それはたんにそれらが近距離にあるからである．星座名は現在でも天文学で使われているが，その目的は，天体が空のどの方角にあるかを示すためだけである．アンドロメダ座の星々よりずっと遠く，200万光年以上の彼方にあるM31がアンドロメダ星雲（アンドロメダ銀河）とよばれるのはまさにこのことによる．両者には何の物理的関係もない．これと同様に，銀河系の中心にある強力な電波源は，いて座の星々とは何の関係もないが，いて座Aとよばれる．

　銀河系の中心を研究することが可能になったのは，可視光に頼らない電波望遠鏡やその他の観測装置が登場してからのことである．銀河系の赤道面（銀河面）には大量のダストが集中している．宇宙の大きさを決める初期の試みにとって悩みの種であった星間減光を引き起こし，新しい星の原料となるのがこのダストである．そしてそれが可視光を遮蔽する．しかし長い波長の電磁波はダストを透過しやすい．夕日が赤く見えるのはこのためで，波長の短い（青い）光は視線方向にある大気中のダストでさまざまな方向に散乱されるが，波長の長い赤い光はまっすぐ私たちの目に届くからである．私

たちの住む銀河系をはじめとする銀河の中心部の理解は，大部分が可視光より波長の長い，赤外線と電波の観測からもたらされたものである．

詳しく観測すると，いて座Aはたがいに隣接する三つの成分からなっていることがわかった．一つは超新星残骸（超新星爆発で噴き出された膨張する泡状のガス），一つは高温の電離水素領域，もう一つが「Sgr A*」[*24]と名付けられた銀河系のまさに中心である．

Sgr A*の周囲ではさまざまな活動現象が見られる．赤外線の観測から，高密度の星団があることがわかった．そこでは2000万個の星が直径1パーセクの空間に詰め込まれており，星と星の間の平均距離は，わずか1000天文単位（1天文単位は太陽と地球の平均距離）にしかすぎない．このため，100万年に一度くらいの頻度で星の衝突が起きる．この星団のまわりにガスとダストの輪がある．それは1.5～約8パーセク（5～25光年）の範囲にあり，最近起きた複数の爆発から生じた衝撃波の痕跡が見られる．その中心領域からはX線とさらに高エネルギーのガンマ線が出ている．

このような先端技術で得られたさまざまな観測結果があるが，銀河系中心にブラックホールが存在するという最良の証拠は，昔ラプラスが予見した方法からもたらされた．ハワイにある口径10メートルの望遠鏡による赤外線での観測から，銀河系の中心近くにある20個の星の運動速度が測定された．

それらの星々は秒速9000キロメートル（時速約3000万キロメートル）もの速度で銀河系中心のまわりを回転している．このため，約10キロパーセクというきわめて遠距離にあるにもかかわらず，10年以上にわたり数か月の間隔で撮影された画像からそれらの位置が変化していることがわかる．そのデータをすべて合わせると，これらの星が銀河系中心のごく近くを軌道運動しているムービーをつくることができる．その軌道運動から，それらを重力的に引き寄せている中心天体の質量は太陽質量の約400万倍と計算された．これだけの質量がきわめて小さな空間に存在するとすれば莫大な密度[*25]になり，それはまさしく大質量ブラックホールがそこにあるという証拠にほかならない．

このブラックホールは，そのごく近くの物質すべてを飲み込んでしまったので，現在は比較的静穏な状態にある．今日検出できるわずかな活動は，ブラックホールのまわりにリング状に残っているガスから時々したたり落ちてブラックホールに吸い込まれる物質に起因する．この活動を維持するためにブラックホールが「食べなければならない」物質の量は，年間にして太陽質量の約1パーセントである．この量の物質が落ち込むときに解放する重力エネルギーがブラックホールの活動源となっているのである．銀河系がもっと若く，ブラックホールのある中心領域にガスとダストが大量にあったときには，状況は違っていただろう．これについては後述するが，大質量ブラックホールは銀河が成長する種であることは明らかである．

銀河系のでき方

　銀河系が現在の姿になった過程は，銀河系中心からずっと離れた外側にある星の運動からも知ることができる．これまでに述べた規則的な構造，すなわちバルジ，円盤，およびハローの3成分だけが銀河系のすべてではない．個々の星の化学組成と運動を詳しく調べると，銀河系の中を整然と運動する多数の星々を背景として，細くて長い帯のような星流があることがわかる．それらは背景の星とは異なる種類の一群の星からなり，背景の星とは異なった方向に運動している．

　そのような星流は現在までに9ないし10個発見されている（正確な数は証拠の確かさをどう見るかで変わる）が，未発見のものもまだあると考えられる．それらの星流の質量は太陽質量の数千〜1億倍，長さは2万〜100万光年の範囲にある．これらの星流はしばしば，銀河系のまわりを，ちょうど惑星のまわりを回る衛星のように回っている20個あまりの小さな銀河（矮小銀河），あるいは球状星団の一つとかすかにつながっている．最も見事な星流は，いて座星流である．それは100万光年もの長さの弧をなして，銀河系といて座矮小楕円銀河をつないでいる．もう一つの星流はおとめ座の方向に見えるのでおとめ座星流とよばれているが，それは銀河系の円盤とほぼ垂直に運動しており，もう一つ別の矮小銀河とつながっている．

　星流がほかの天体とつながっていることが，星流の起源を説明する証拠となる．銀河系にきわめて近付いた矮小銀河は

銀河系の重力，正確には潮汐力，によって引き裂かれ，銀河系のまわりを軌道運動するにつれて，星が矮小銀河からはぎ取られ引きずり出されて星流となるのである．いて座矮小楕円銀河は現在このプロセスの最終段階にあり，銀河自体が淡い一群の星としてかろうじて見える姿となっているのである．最終的には，星流以外は何もなくなり，その星流も銀河系と合体して消滅してしまうだろう．

　このことは，銀河系が近くにある小さな銀河を次々と飲み込んでいく，いわゆる「銀河喰い」によって現在の大きさになったことの明確な証拠である．天文学者は強力な統計手法を使って，現存するわずかな化石から古生物学者が恐竜の姿を復元するように，今日の星流の運動から過去にさかのぼって，そのもとになった衛星銀河の姿を復元することさえできる．また，これら星流のかたちから，銀河系を包むダークマターのハローが扁平な楕円体状ではなく球状であることもわかった．ケーキに振りかける粉砂糖からケーキのかたちがわかるのと同じである．

　このような銀河同士の相互作用は，近くに来た小さな銀河を大きな銀河が飲み込むときに限ったことではない．スライファーが発見したように，アンドロメダ銀河の青方偏移は，それが私たちに秒速 100 キロメートル以上（時速約 40 万キロメートル）の速度で近付いていることを示している[*26]．この銀河が赤方偏移を示さない理由は，ハッブルが気付いたように，宇宙論的な赤方偏移は空間内の銀河の運動に起因す

るものではないからである．アンドロメダ銀河の距離では宇宙論的な赤方偏移はとても小さく，速度に換算すれば秒速50キロメートル程度でしかない．しかし，銀河は空間内で運動していることも事実である．その運動はドップラー効果を生じ，それによる偏移が宇宙論的赤方偏移に重なるのである．

銀河系にごく近い銀河を除けば，銀河の運動に伴うドップラー効果は宇宙論的赤方偏移に比べてずっと小さく，通常は後者が支配的となる．しかしアンドロメダ銀河は近距離にあるので，ドップラー効果が宇宙論的赤方偏移より大きいのである．アンドロメダ銀河は実際に私たちに近付いており，いまから約40億年後に銀河系と衝突するだろう．それはたまたま太陽がその寿命の終わりに近付く頃である．ほぼ同じような規模の二つの渦巻銀河が衝突するとそれらは合体する．それぞれの銀河の中にある星々はとてもまばらであるので，星と星が直接衝突することはない．しかし，コンピュータシミュレーションによれば，合体する途上で円盤中の渦巻き構造は重力の影響で壊され，一つの巨大な楕円銀河となることが示されている．

本章で述べた発見はすべて，私たちの住み家である銀河系にかかわる重要な事柄である．さらに，銀河系は渦巻銀河の代表と考えてもよいほど典型的な規模と構造をもっているという証拠が存在するので，それらはもう一つの意味でも重要である．銀河系が典型的な渦巻銀河であるからこそ，内部か

ら行う詳細な観測から得られたその構造と進化に関する知識を，渦巻銀河全体の起源と性質を理解するための根拠として使えるのである．私たちは宇宙の中で特別な場所にいるのではない．しかし，この事実が最終的に確立したのは20世紀の終わりのことである．

(＊訳注17) 星が空間を運動する速度を，視線（星と観測者を結ぶ線）方向の成分（視線方向成分）とそれに垂直な面内の成分（接線方向成分）に分けて考えるとき，前者を視線速度，後者を接線速度という．ドップラー効果からわかるのは視線速度である．接線速度は星の固有運動（天球面上での星の位置のずれ）からわかる．

(＊訳注18) 天文学では自らのまわりの近い距離範囲を表すのに英語でlocalという語を用いる．これは日本語では「局所（の）」と訳されている．どこまでが「局所」であるかは議論の脈絡によって異なる．

(＊訳注19) 宇宙の中で元素がつくられる場所は二つある．一つはビッグバン直後の熱い宇宙の中であり，最初の約3分間に水素からベリリウムまでの軽い元素がつくられた．もう一つは星の中心部や超新星爆発などで，おもに炭素より重い元素がつくられる．天文学では前者でつくられた元素を指す場合に英語でprimordialという語を使い，これが通常「原初の」，ときには「始原の」と訳されている．

(＊訳注20) 物質は天体の中心から離れているほど重力エネルギーが大きい．離れたところから中心近くに落ち込むと，その位置の差に相当する重力エネルギーが生み出される．これを重力エネルギーが解放されるという．この解放された重力エネルギーは物質の運動エネルギーや熱エネルギーに変わる．

(＊訳注21) 全角運動量は変わらないので，できた星々のそれぞれがもつ角運動量の総和は，軌道角運動量に変換された分だけ減少する．

(＊訳注22) 天体が自分の重力によって収縮すること．一般的には重力収

縮といわれるが，ガス星雲が原始星のコアになったり，大質量星の超新星爆発のときに中心核がブラックホールになったりするときのように，その収縮の度合が著しいときに重力崩壊という語がよく用いられる．

(＊訳注 23) 現在，ブラックホールは観測的見地から 3 種類に分類されている．太陽質量の 10 倍程度以下のものを恒星質量ブラックホール，1000 ないし 1 万倍のものを中間質量ブラックホール，100 万ないし 1 億倍のものを（超）大質量ブラックホールという．

(＊訳注 24) Sgr A* は，日本語では「サジエイスター」と発音されている．

(＊訳注 25) 近年の研究論文 Ghez *et al.*, 2008, ApJ, **689**, 1004 によれば，通常の星では説明できない，すなわちブラックホールがあるはずだという証拠として挙げられている「密度」の数値は「0.01 パーセク (2000 天文単位) 以内に太陽質量の 30〜40 万倍」である．

(＊訳注 26) 観測される青方偏移に対応する視線速度は秒速約 300 キロメートルだが，太陽系の空間運動を補正するとこの値になる．

第 4 章
エピソード：銀河系は平凡な銀河

　近代科学の潮流をつくり出した革命は 1643 年にはじまったと言ってもよいだろう．この年ニコラウス・コペルニクスが，『天体の回転について（*De Revolutionibus Orbium Coelestium*）』という本を出版し，地球が宇宙の中心ではなく太陽のまわりを回っているという証拠を示した．それ以降，太陽は，宇宙の中では言うまでもなく，銀河系の中でさえ特別な位置を占めていないふつうの星であり，人類も，その偏狭なものの見方は別として，地球上にある多くの種類の生命の一つの種にすぎないことが認識されてきた．天文学者の中には，ほんの少し冗談めかして，これらすべての事柄は「平凡原理」を支持する証拠であるという人がいる．この原理の意味するところは，宇宙に関する限り，私たち人類を取り巻くものには特別なことは何もないということである．これはいまだにコペルニクス以前の考えをもっている人にとっては，自らを卑下する考えと映るかもしれない．しかし，もしこの考えが正しいとすればそれは，私たちの周辺の観測をそれ以外の部分にも広げることによって，宇宙全体の性質についての結論を導けることを意味している．もし銀河系が平

凡な銀河なら，ほかの100億個の銀河も銀河系と同じようなものであろう．それは郊外を見れば，どの都市の郊外であろうと大差ないことと同じである．

銀河系は平凡原理の例外？

しかし，ハッブルが宇宙の大きさを最初に測定した以後の何十年かの間は，銀河系は特別な場所と思われていた．ハッブルの距離計算によると，ほかの銀河は比較的銀河系に近い距離にあった．天球上の見かけの大きさからすると，銀河系ほど巨大ではないはずだった．とすれば，銀河系が宇宙の中で格段に大きな銀河ということになる．今日では，ハッブルが間違っていたことはわかっている．星間減光に加えて，セファイドと別種の変光星の混同など多数の困難な問題のために，彼が最初に計算したハッブル定数の値は，今日採用されている値のほぼ7倍も大きかった．言い換えれば，ハッブルはほかの銀河までの距離を，現在わかっている正しい値の7分の1程度の近さに見積もっていたことになる．しかしこのことは短期間にはわからなかった．宇宙の距離尺度は，観測技術が改良され間違いが一つずつ訂正されるのにつれて，何十年もかけてゆっくりとしか改訂されていかなかったのである．私はここでこの過程のすべてを紹介するつもりはないが，最新で最良の観測に基づいて，銀河系は平凡な銀河である最も単純で直接的な証拠を示すことにする．

1930年代で早くも，銀河系は異常に巨大な銀河かもしれないという考えに不満を抱く科学者もいた．このことを最も

強く感じて最も強く疑念を表明したのは，天文学者のアーサー・エディントンであった．彼は，アインシュタインの一般相対性理論の予言を証明した 1919 年の日食観測隊のリーダーとしてよく知られていた．エディントンは今日言うところの平凡原理を強く信じており，1933 年に出版した著書『膨張する宇宙（*The Expanding Universe*）』の中でこう述べている．

> 謙虚であるべきという教えは，天文学においてとても頻繁に認識されてきたので，私たちはほとんど自動的に，私たちの銀河系は特別の銀河ではない，つまり自然の仕組みの中で他の何百万もの他の島宇宙より重要ということはない，という見方を採用している．しかし，天文観測はこの見方をほとんど奪い去ろうとしているかに見える．現在の測定結果によると，渦巻銀河は一般的な見かけは銀河系に似ているが，その大きさは明らかに小さい．もし渦巻銀河が島なら銀河系は大陸であるとさえいわれている．私は「並み」であることにプライドをもちたい．地球は，木星のように巨大でなくしかもなおかつ小惑星のようにちっぽけでもない，中間的な惑星である．太陽は中間的な星で，カペラのように巨大ではなく，最も小さな星よりはずっと大きい．そこで，太陽と地球が共にたまたま例外的な銀河に属するというのは間違いだと思われる．率直に言えば，私はそれを信じていない．偶然の一致というにはあまりにもできすぎている．銀河系と他の銀河との関係には，将来の観測的研究からより多くの光が投げかけられ，結局は私たちの銀河系と同じかそれ以上の大きさをもつ銀河があることがわかると私は思う．

エディントンの主張はまったく理にかなったものであった．そして結局，彼は正しかった．しかし 1933 年の時点では，「並み」であることにプライドをもつという彼の信念以上の根拠はなかった．今日では，銀河の大きさはさまざまであることがわかっている．もし実際に，宇宙には一つだけ巨大な銀河があってその周辺を小さな銀河が取り巻いているならば，大陸ではなく多数の島の中の一つにいる確率のほうが高いので，私たちの立場は窮地に陥るという展開になっていただろう．この問題に決着をつける唯一の方法は，ほかの多数の渦巻銀河までの距離を精密に決定して，その大きさを正確に測り，銀河系の大きさと比較することである．そのためにはセファイドで距離を決める必要がある．ところが，1990 年にハッブル宇宙望遠鏡が打ち上げられて 1993 年に修理が行われるまで，多数の銀河の距離をセファイドで決めることはできなかった[27]．

銀河の直径比較による平凡原理の実証

ハッブルの先駆的な研究から半世紀以上経った時点でも，宇宙の距離尺度を正確に決めることの重要性は，ハッブル宇宙望遠鏡の主要な存在理由（キープロジェクト）の一つになるほど大きかった（図7）．ハッブル宇宙望遠鏡の，銀河の距離決定に関するキープロジェクト[28]の目的は，少なくとも 20 個の銀河でセファイドを観測し，そのデータを使ってハッブル定数を ± 10 パーセントの精度で決定することであった．このキープロジェクトの観測終了までに 24 個の銀河の距離がセファイドを使って精密に決められた．キープロジ

図7　軌道上のハッブル宇宙望遠鏡.

ェクトチームは，そのデータを用いて超新星などほかの距離指標の目盛付けの精密化の研究に進んだが，セファイドのデータは一般公開された．私は1996年にサセックス大学のサイモン・グッドウィンとマーチン・ヘンドリーとともに，公開されたセファイドのデータを使って，銀河系はたんなる一つの平凡な銀河であるというエディントンの信念を検証しようと試みた．これはまさに，エディントンが述べた「将来の観測的研究」であった（結果は1998年に出版された）．

　私たちは，ハッブル宇宙望遠鏡のデータに加えて一部地上望遠鏡による観測データも使って，セファイドで正確に距離の決まった銀河の中から，銀河系に見かけがよく似た17個の銀河を選び出した．天球上で銀河の角直径を測る標準的な

方法は，銀河の画像上で面輝度の等しい点をつなげた線（アイソフォト）をちょうど等高線のように引いて，特定の面輝度でその大きさを測ることである．こうして決まる角直径と，セファイドから得られた正確な距離から17個の銀河の実直径が求まる．

このプロジェクトの最大の困難は，私たちの銀河系自身の実直径を決めることだとわかった．「木を見て森を見ず」のたとえどおり，内部から銀河系の大きさを測るのは難しい．しかし，銀河系内の星の分布の観測データから，銀河系を銀河面の上方から見るとどのように見えるかを計算することができた．その結果，銀河系のアイソフォトによる直径は27キロパーセクよりほんのわずか小さいことがわかった．大きな疑問は，この値は17個の銀河の直径と比べてどうか，である．結論だけ言えば，銀河系を含む，私たちが用いた18銀河の直径の平均値は28キロパーセクをわずかに上回る値であった．まさにエディントンが推測したように，銀河系は，その直径が平均値より大幅にではなくほんの少し小さい平均的な渦巻銀河なのである．明らかにそれは島々に囲まれた大陸ではない．しかし，平均よりずっと小さいわけでもない．一言で言えば銀河系は平凡なのである．

とりわけ重要なのは，この研究が銀河の直径の測定からハッブル定数を決める道を拓いたことである．しかも，この方法でもハッブル宇宙望遠鏡キープロジェクトに定められた10パーセント以内の精度が達成できる．宇宙論的に考察す

れば，ハッブル定数は宇宙の年齢そのもの——ビッグバンから現在までの経過時間——を与えるので，これは重要な手法である．これについては次章で述べることにしよう．

(＊訳注 27) 打ち上げ当初，ハッブル宇宙望遠鏡は製作ミスによりピンぼけ状態であったが，1993 年のスペースシャトルを利用した大修理で補正光学系が装着され，期待どおりの性能を発揮するようになった．

(＊訳注 28) ハッブル宇宙望遠鏡ではこのほかに，クェーサーの吸収線系の研究プロジェクトと，主要ターゲットの観測中にカメラで同時に画像を撮影する探査プロジェクトの三つのキープロジェクトが設定されていた．

第 5 章
膨張する宇宙

　現代の宇宙論は，銀河に関するハッブルの二つの偉大な発見からはじまった．一つは，銀河は島宇宙であること，すなわち銀河系外の空間にある銀河系と同規模の星の集団であること，もう一つは，遠方銀河から来る光の赤方偏移と距離の間に関係があることである．この二つの発見は，宇宙の全体的な振る舞いを明らかにするためにテスト粒子[*29]として銀河を使えることを意味している．宇宙が膨張していることを示しているのは銀河である．

アインシュタインの一般相対性理論

　赤方偏移-距離関係の発見は 1920 年代の終わりには驚きをもって迎えられたが，すぐに，このような宇宙の振る舞いを記述する数学理論，すなわちアルバート・アインシュタインの一般相対性理論がすでに発見されていたことが認識された．一般相対性理論は，空間，時間，物質，および重力の間の関係を記述する理論である．この理論の鍵となる特徴の一つは，空間と時間は別々のものとして存在するのではなく，時空と名付けられた一つの四次元実体の別々の側面と考える

べきだということである．四次元時空という概念は1908年にまでさかのぼる．この年に，ハーマン・ミンコフスキーは，アインシュタインが1905年に提唱した特殊相対性理論を洗練されたかたちで表現した．彼はこう述べている．「ゆえに，空間それ自体，そして時間それ自体はたんなる影の中に溶け込んでしまう運命にある．そして，それら二つのある種の結合だけが，独立した実体を保ち続けるだろう．」

特殊相対性理論の限界（より一般的な何かが別にあることを思わせる，「特殊」という語がついている理由）は，重力あるいは加速度を扱わないことである．この理論は，直線上を等速度で運動しているすべての物体と光（ここではすべての種類の電磁波を指す一般用語として「光」を使う）の関係，および，それらの運動する物体から世界がどのように見えるかを正確に記述する．これら二つのことは，このように簡単にまとめてしまえないほど偉大な業績であった．というのは，アインシュタインは，実際には，光に関するジェームズ・クラーク・マクスウェルの理解を考慮に入れるかたちで，力学に関するニュートンの理解を修正したからである．しかしそれは彼にとって，重力と加速度も含むより一般的な理論への道程の中間地点を意図したものにすぎなかった．

アインシュタインは，1915年に完成した一般相対性理論で，その目標を達成した．この理論を理解する最も簡単な方法は，ミンコフスキーの四次元時空の枠組みを用いることである．アインシュタインは，時空が弾性的であること，それ

ゆえに，物質の存在によってゆがめられることを発見した．物質の存在によってゆがめられた時空の中を運動する物体は，曲がった道筋に沿って運動する．それはちょうど，ボウリングのボールのような重い物体によってできたトランポリンの凹みのそばを，曲がった軌跡を描いて転がるビー玉にたとえられる．私たちが重力とよぶのは，時空の曲がりの結果なのである．次の有名な格言がある．「物質は時空に曲がり方を教え，時空は物質に運動の仕方を教える．」

　決定的に重要なのは，物体だけでなく光線も，物質があると時空の中で曲がった道筋を進むことである．ただし，物質の量が莫大であるか，あるいは物質がせまい空間に高密度で詰め込まれているか，あるいはその両方の場合以外では，曲がりの量は非常に小さい．太陽近傍の空間ではその効果が検出できる量となる．一般相対性理論によれば，太陽がその質量によって周囲の空間をゆがめているので，太陽の端をかすめて遠い星から届く光は一定の角度だけ曲がることが予測される．地球から観測すると，その星の天球上での位置が，太陽がないとき同じ星を観測した場合の位置からずれることになる（図8）．太陽の背後にある星は，通常は明るい太陽の光のせいで見ることはできない．この背景星の位置変化を観測できる唯一の機会は，太陽が月に隠される皆既日食のときだけである．天文学者にとっては非常に幸運なことに，この観測に適した皆既日食が1919年に起きた．アーサー・エディントンに率いられた観測隊が背景の星の位置ずれを測定し，それがアインシュタインの理論予測とぴったり合ってい

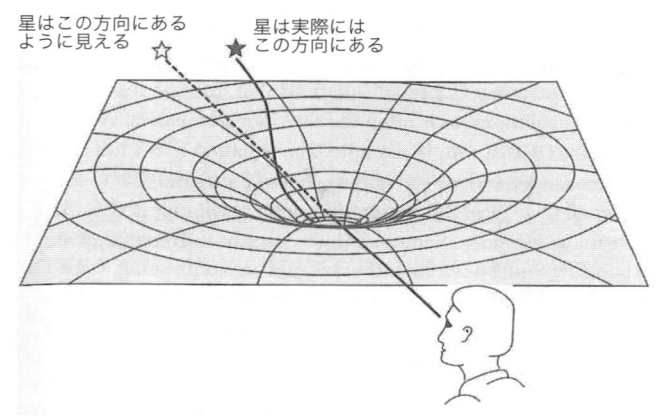

星はこの方向にある　星は実際には
ように見える　　　この方向にある

図8 太陽はその周囲の時空をゆがめる．これは，トランポリンの上に重い物体を置くと凹みができるのに似ている．遠方の星から来る光は空間内の曲線に沿って進む．したがって，太陽が視線上にない場合に比べて，星の位置がわずかにずれる．

ることを明らかにしたのはこの日食であった．アインシュタインの名声が一挙に上がったのはこのときである．ただし，多くの人はどうして彼が有名になったのかの理由は知らなかった．それ以来，一般相対性理論は，考案されたすべての検証に合格してきた．最も新しいテストは，人工衛星に搭載した無重力状態のジャイロを使って，地球の重力が周辺の空間に及ぼすわずかな効果を測定する実験である[*30]．

アインシュタインの「人生最大の失敗」

　一般相対性理論は，空間，時間，および物質の全体的な振る舞いを記述する最良の理論である．ということは，アインシュタインが当初から認識していたように，この理論は自動

的に,あらゆる空間と時間と物質を含む総体である宇宙を記述できることを意味している.問題は,それが記述する宇宙は一つではないことである.アインシュタインが発見した一連の方程式には,数学の問題でよくあるように,たくさんの解がある.単純な例で説明すると,方程式 $x^2 = 4$ は,$x = 2$ と $x = -2$ の二つの解をもつ.というのは,2×2 と $(-2) \times (-2)$ はともに 4 になるからである.アインシュタインの方程式はもっと複雑で,多数の解をもっている.膨張する宇宙を表す解,収縮する宇宙を表す解,膨張と収縮をくり返す宇宙を表す解,などという具合である.アインシュタインが驚いたことには,静止した宇宙を表す解は存在しなかった.

彼が驚いたのは,一般相対性理論を完成させてこれらの解を見出した 1917 年当時は,誰もが宇宙は静止していると考えていたからである.ほとんどの天文学者は依然として,銀河系が宇宙のすべてだと考えていた.星々は銀河系の中を運動しているが,銀河系は,全体としては膨張も収縮もしていない.一般相対性理論の枠組みの中でアインシュタインが静止宇宙を実現する唯一の方法は,方程式にもう一つの項を導入することだった.それは今日では宇宙定数とよばれ,ふつうはギリシャ文字のラムダ(Λ)で表される.その 12 年後,ハッブルが赤方偏移-距離関係を発見したときに,それはラムダ項のないもともとのアインシュタインの方程式の,最も簡単な解の一つである膨張宇宙に対応することが判明した.アインシュタインは宇宙定数の導入を,彼の人生の「最大の

失敗」と述べている．こうして，このラムダ項は，現実の宇宙と関係があるかないかに興味はなく，方程式を解くことにのみ興味がある少数の数学者以外からは見捨てられた．

宇宙膨張は空間そのものの膨張

　一般相対性理論が，私たちの宇宙をよく記述するという発見はどのような意味をもっているのだろうか．それを理解するためのキーポイントは，その方程式で記述される膨張は，時間とともに空間そのものが膨張するのだということである．宇宙論的な赤方偏移は，大爆発の起きた場所から外向きに銀河が空間の中を運動するために起きるドップラー効果ではなく，銀河同士の間隔が引き伸ばされることによって起きる効果である．一つの銀河から出た光がもう一つの銀河に届く間に，その銀河間の空間（距離）が増大するのである．この空間の伸びが光の波の波長を長くして，赤い側に偏移させる．

　この波長の伸びからくる赤方偏移は，このように相対論的効果によるものである．しかしもしそれを速度に換算するとすれば，その速度が光速度に比べてずっと小さいなら，ドップラー効果と同様な振る舞いをする．赤方偏移は通常小文字の z で表される．もし $z = 0.1$ ならそれは，その天体が光速度の 10 分の 1 の速度（秒速約 3 万キロメートル，これはハッブルとハマソンの先駆的な研究で測定されたどの値よりも大きい）で私たちから遠ざかっていることに対応する．赤方偏移が 0.2 ならその 2 倍の速度，などなどあるところまでは

単純である．しかし，何者も光速度以上の速度で運動することはできないので，この単純な規則で考えると最大の赤方偏移は1ということになる．しかし相対論的効果を考慮すると，光速度に対応する最大の赤方偏移は1ではなく無限大となる．扱う「速度」が光速度の3分の1より大きくなると相対論的効果が重要になってくる[*31]．相対論的効果を考慮に入れると，たとえば赤方偏移 $z=2$ は，光速度の2倍に対応するのではなく，その約80パーセントの速度，$z=4$ は光速度の92パーセントという具合になる．今日では $z=10$ を超える赤方偏移を示すものもあるが，それらは例外的なものである[*32]．

じつのところ宇宙には，単独で存在する銀河は少ない．ほとんどの銀河は重力的に結びついた集団をなしている．集団の規模は，2, 3個から数千個までさまざまである．集団の規模に応じて小さいものは銀河群，大きいものは銀河団とよばれる．集団内で個々の銀河は共通の重心のまわりを運動しているが，集団全体は空間の膨張に乗っている．これは，個々にはそれぞれ動き回っているが，群れ全体は一つのまとまりとして動くミツバチの群れに似ている．集団に属する銀河の平均的な赤方偏移が，宇宙膨張によって引き起こされるその集団全体の宇宙論的赤方偏移である．個々の銀河の赤方偏移はそれより大きいものも小さいものもある．平均の赤方偏移より小さな赤方偏移をもつ銀河は，私たちに向かって運動している銀河で，その運動によるドップラー効果が青方偏移となって，平均値に（負の向きに）加算されるので，赤方

第5章　膨張する宇宙

偏移が小さくなる．平均より大きな赤方偏移を示す銀河は反対に，私たちから遠ざかる向きに運動している銀河で，空間内の運動によるドップラー効果が赤方偏移となって平均値に加算されるのである．天文学者はこのことを考慮したうえで簡潔に，「銀河はその距離に比例した赤方偏移を示す」というのである．

中心のない宇宙膨張

　宇宙膨張に関する二つ目のキーポイントは，膨張には中心がないということだ．すべての銀河が距離に比例した赤方偏移で銀河系から遠ざかっているように見えることは，何も特別なことを意味しているのではない．平凡原理のもう一つの例となるが，あなたが銀河系ではなくどの銀河にいたとしても同じ現象，すなわち，赤方偏移が距離に比例することが観測されるのである．次の簡単なたとえで説明しよう．銀河を表す点を不規則にばらばらと描いた球状の風船の表面を想像してみよう．この風船をさらに膨らませると，どの2点間の距離も伸びるが，これは宇宙が膨張するにつれて銀河間の距離が増大するのとまったく同じ効果である．風船の膨張によって2点間の距離が2倍になったとしよう．そうすると，2センチメートルの間隔であった2点の間隔は4センチメートル，4センチメートルの間隔であった2点の間隔は8センチメートル，などとなる．膨らませる前に風船の表面で，2センチメートルの間隔で直線上に並んでいた三つの点を考えよう（図9）．膨張の後では，中央の点から両隣の点までの距離はいずれも4センチメートルとなり，両端の点の間の距離

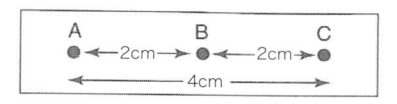

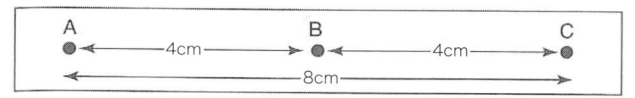

図9 時空の膨張は風船を膨らますことに似ている．膨らませる前に風船の表面で2cm間隔で直線上に並んでいた3点をA, B, Cとする．A, B, Cで表される「銀河」は空間内（このモデルでは風船の表面上）を運動してはいない．しかし，空間（風船の表面）が膨張してAとBの間隔が2倍になったら，AとCの間隔をはじめ，銀河のどのペア間の間隔も2倍となる．この宇宙（風船の表面上）にあるどの銀河から見ても，ほかの銀河はすべて，距離に比例した速度で遠ざかっているように見える．たとえば，CはAから見るとBの2倍遠いので，すべての間隔が2倍になると（スケール因子[*33]が2倍になると），CはAから見て2倍の速さで「遠ざかる」ように見える．

は8センチメートルとなる．いずれかの端にある点から見ると，中央の点は（もともと2センチメートルの距離にあったものが4センチメートルの距離になったので）2センチメートル遠ざかったように見えるが，反対の端の点は4センチメートル遠ざかったように見える．つまり，その点は中央の点より2倍遠い位置にあったので，その「赤方偏移」は中央の点の値よりも2倍大きいことになる．全体的にはどの点から見ても同じ現象が見えることがわかるであろう．赤方偏移は距離に比例するのである．

しかし，もし風船の大きさを小さくしていったらどうなるか想像してみよう．点の間の距離は縮まり，今度は青方偏移が距離に比例することになる．これは，膨張宇宙の歴史を，

過去へと時間をさかのぼって見ていることに相当する．銀河が現在離ればなれになるように動いているとすれば，過去には現在よりたがいに接近していたことは明らかである．しかしながら今日の状況から，膨張を宇宙のはじまりに至るまで長時間巻き戻すとどうなるかは，それほど明らかとは言えない．一般相対性理論で要請されることだが，膨張を巻き戻すと宇宙の誕生時には，すべての物質とすべての空間が，体積がゼロで密度が無限大の，数学で特異点とよばれる一点に押し込められる．これは，ブラックホールで予言されている特異点と同じものである．物理学者は無限に極端な物理状態を予言する理論は信じないので，ブラックホールの特異点の場合と同様に，一般相対性理論も宇宙の誕生時まで突き詰めると破綻する．

しかし宇宙が，「無限に極端な物理状態」ではないが，きわめて小さな体積（原子1個より小さい）で，非常に高温かつ高密度（今日の宇宙にあるすべての質量を含む）の状態から出発したと信じる理由は確かにある．この，超高密度で超高温度の出発点という考えがビッグバン理論の核心である．ビッグバン理論は，宇宙が膨張していることが観測的により確かになった20世紀の終わりになって，真剣に検討されはじめた．宇宙論の研究者が答えを求めようと努力した大問題は，「ビッグバンはいつ起きたのか？　宇宙の年齢はいくつなのか？」であった．銀河の研究からハッブル定数が決められて，その答えが得られたのである．

宇宙の年齢を知る鍵：ハッブル定数

　ハッブル定数は，宇宙が現在どのくらい急速に膨張しているかという膨張率を示す指標である．もし宇宙が一定の割合で膨張しているならば，ハッブル定数からビッグバン以降の経過時間がわかる．その場合は，ハッブル定数の逆数（1をハッブル定数で割った値，$1/H$）が，すべての銀河が重なり合う状態から現在までの経過時間，すなわちビッグバンからの経過時間，を与える．自動車でロンドンを出発して高速道路を時速100キロメートルの一定速度で西に向かったとしよう．その車がロンドンから200キロメートルの位置にあるとき，この旅は2時間前にはじまったことがわかる．これと同じ原理で$1/H$から宇宙の年齢が求められるのである．しかし，現実はもう少し複雑である．アインシュタインの方程式から導かれる最も単純な宇宙モデルによると，宇宙の膨張は初期には急速であったが，重力が膨張を引き戻すように作用するので，時間とともに膨張がゆるやかになる．これは，たとえに使った自動車の速度が，最初は速くしだいに遅くなることに相当する．このモデルによる宇宙年齢の推定値は（$1/H$）の3分の2となる．また，（$1/H$）で表される時間は今日ハッブル時間とよばれている．しかし重要な点は，Hを観測から決めることができれば大まかな宇宙の年齢を知ることができるということだ．

　宇宙年齢はHの逆数に比例しているので，ハッブル定数の値が小さいほど宇宙年齢は長い．ハッブル自身が求めた値，1メガパーセクあたり毎秒525キロメートル（525 km/

s/Mpc と表記される）を用いると，宇宙年齢は約20億年となる．じつは1930年代においてすら，この年齢は何かおかしいことは明らかであった．というのは，それは地球の年齢より短かったからである．このことが，ビッグバン理論が1940年代まで真剣に検討されなかった理由の一つでもある．この時期に，異なる種類の変光星が混同されていたことが明らかになって，宇宙の距離尺度が劇的に改訂されたのである．その影響で，ハッブル定数は2倍になり，宇宙は地球と同じ程度の年齢になった．

　それとほとんど同じ時期に，天文学者は星の構造と進化をよく理解しはじめ，信頼度の高い星の年齢推定ができるようになった．その結果，いくつかの星の年齢は100億年以上であることがわかり，それがまた1950年代のビッグバン理論にとって悩みの種となった．このことが，ビッグバン理論と競合する定常宇宙論が当時の天文学者を引きつけた一つの理由であった．定常宇宙論の背後にある考えは次のようなものであった．膨張宇宙の中で銀河間の距離が広がるにつれて，空間を引き伸ばす力が，空間を引き伸ばすと同時に銀河間の空間で新しい物質を出現させる．この結果，水素原子が生まれてガス雲となり，そこから空間に新しい銀河が生まれる．このために見かけ上，宇宙の中の銀河の密度は変わらず，永遠に宇宙は同じように見える．この見方では，宇宙にははじまりもなく終わりもない．宇宙は全体としてはほとんど同じ見え方をしているのである．ところが，定常宇宙論にとって致命傷となる報告が1960年代に現れた．電波天文学のため

の高感度アンテナを開発していた二人の研究者が空のすべての方向から弱い電波雑音が来ることを発見したのである．この宇宙マイクロ波背景放射（CMB）は，この発見以前にビッグバン理論によってその存在が予言されていたものであった（ただし，その予言は忘れられていた！）．それはビッグバン自体からの強烈な放射が（宇宙膨張によって）薄まった名残と解釈されていた．この解釈が正しいことは，この放射を研究するために打ち上げられた専用の人工衛星などによる後の観測によって確立された[*34]．宇宙年齢の推定値も時が経つにつれて徐々に大きくなっていったので，定常宇宙論を必要としたもう一つの要請もまた取り下げられた．

ハッブル宇宙望遠鏡のキープロジェクト

1950年頃から，観測が進むにつれて距離尺度はしだいに改良され，ハッブル定数の推定値は小さくなり続け，1990年代の初めまでには，その値は，いつも使う単位（km/s/Mpc）で50と100の間のどこかであろうというところまでになった．天文学者なら75 ± 25とするこの状況でハッブル宇宙望遠鏡のキープロジェクトが登場した．

アンドロメダ銀河と同様に，銀河団中の銀河は秒速数百キロメートルの速度で空間内をさまざまな方向に運動している．このことは，銀河団の信頼できる宇宙論的赤方偏移を求めるには，遠方の銀河団を観測するのがよいことを意味している．遠方になるほど宇宙論的赤方偏移が大きくなり，銀河の空間運動に起因するドップラー偏移は，観測される平均の

図10 ハッブル宇宙望遠鏡のWFPC2カメラで撮影されたM100銀河の中心領域の画像．キープロジェクトによってセファイドから距離が測られた銀河の一つ．

赤方偏移に比べてどんどん小さくなるからである．しかしもちろん遠方になるほど観測は困難になるので，ハッブル定数を決めるために銀河団を利用するには，どんなに遠い銀河団でもよいわけではなくその距離には一定の限界がある．ハッブル宇宙望遠鏡のキープロジェクトは，ハッブル自身が考案した伝統的な手法を用いた．まずセファイドを用いて近距離の銀河の距離を精密に測り（図10），その距離をもとにして

超新星などその他の距離指標の目盛付けをして，段階的に遠方宇宙に手を伸ばす「宇宙の距離はしご」である．ハッブルの時代との違いは，60年という時が経って，望遠鏡の性能が上がり，異なる種類の変光星の混同の問題が解決され，星間減光が理解され，超新星など二次的な距離指標もずっと理解が進んできたことである．プロジェクトチームが2001年5月に発表したHの値は72 ± 8で，それは約140億年の宇宙年齢を与えるものであった．幸いなことに，1990年代のうちに，最も古い星の年齢がハッブル定数の決定とはまったく独立に，星の進化モデルを用いて約130億年と決定された．宇宙は，その中にある銀河に含まれる星より確かに古かったのである．

これは見かけよりはるかに意味深い結果である．宇宙の年齢は，銀河団という宇宙最大のものの振る舞いを，一般相対性理論を用いて解析することから求められる．一方，星の年齢は，宇宙で最も小さなものである原子核の振る舞いを，20世紀物理学のもう一つの偉大な理論である量子力学で解析することから求められている．その二つの年齢がほぼ合致したこと，そして最も古い星の年齢が宇宙の年齢よりほんのわずかに短いことは，20世紀の物理学全体がうまくいっていると考える最も説得力のある理由の一つである．そしてそれはまた，私たちの住む世界が，最小のスケールから最大のスケールまで正しく記述されていることも示している．

ハッブル定数が70 km/s/Mpcに近い値であることは，現

在ではほかの独立ないくつかの手法によって確認されている．それらの中には，人工衛星などの先端観測装置や物理学の高度な理解から生まれた方法が含まれる．銀河と宇宙の関係に焦点を当てる一つの単純な方法は，より精密な測定と組み合わせると，以前に述べた「銀河系が平凡である」ことの確認にもつながる．

ふたたび平凡原理の実証

　第4章で述べた，銀河系が平凡な銀河である証拠は，宇宙論的な見地からすれば，私たちの近傍にある比較的少数の銀河からなるサンプルに基づくものでしかなかった．しかしそれをそのまま受け入れるなら，ほかの銀河の大きさを銀河系の大きさあるいは近傍銀河の平均的な大きさと比較して，それらの距離を推定することができる．ただし，銀河の大きさはさまざまであるので，銀河一つひとつについてこの方法を適用することにはほとんど意味がない．近傍にある最大の渦巻銀河 M101 の大きさは 62 キロパーセクで，銀河系の大きさの2倍以上ある．銀河系と同じ大きさと仮定してこの銀河の距離を求めるのはよい考えとは言えない．私たちが必要としているのは，遠方にある銀河の平均的な大きさと見なせるような何らかの統計的な測定値で，近傍銀河の平均の大きさと比べられるようなものである．

　ハッブルの時代以降，観測家は何千個もの銀河の位置，赤方偏移，および見かけの大きさ（角直径）を記したカタログをつくってきた．その結果今日では，何千個もの銀河を含む

カタログがいろいろあるのである．これらのカタログの中には，銀河系の平凡さを調べるときに使ったのと同じように，アイソフォト（64 ページ参照）で測った見かけの大きさ（角直径）を載せているものがある．個々の銀河の角直径は，既知であるその銀河の赤方偏移と未知であるハッブル定数 H によって決まるある数をかけ算すれば実直径に変換できる[*35]．H にある値を仮定すれば，全天にある異なる赤方偏移をもつ何千もの銀河の実直径をカタログにある角直径から計算することができ，その平均値を求めることができる．コンピュータを使って H の値を少しずつ変化させてこれを何度もくり返すのは単純なことである．計算された平均値が近傍銀河の大きさの平均値と一致するような H の値が，求める値である．

この方法にはいくつか難点がある．とりわけ重要なのは，すべての銀河の角直径を同じ方法で測定しなければならないこと，サンプルを近傍銀河と同じ構造をもつ渦巻銀河に限定すること，そして，適切な銀河をすべてサンプルに含めることである．ただし，大きな銀河ほど見つけやすいということは，必ず考慮に入れておくべきである．赤方偏移が大きくなるにつれ，本来はサンプルに入るべき小さな銀河が見過ごされやすくなるので，サンプル中の小さな銀河の数が減ってくる．これはマルムキストバイアスとして知られる効果である．幸いなことに，異なる赤方偏移にあるさまざまな大きさの銀河の数を比較することによって，この効果の統計的性質，すなわち，赤方偏移が増えるにつれて小さな銀河がサン

第 5 章　膨張する宇宙

プルからどのくらいこぼれていくかを計算してそれを補正することが可能である．さらに複雑なことに，近距離の銀河は計算から除外しなければならない．というのは，それらの空間運動によるドップラー効果は宇宙論的赤方偏移と同じ程度なので，赤方偏移を用いた距離の推定に大きな不確かさがあり，事態を混乱させるからである．これらの制限にもかかわらず，この手法は 100 メガパーセクもの距離にある銀河にまで適用できるので，標準的なカタログの一つである RC3 カタログには，すべての条件を満たす適切な銀河が 1000 個以上含まれている．この数は，統計的に信頼できるサンプルをつくるのに十分な数である．すべての作業を行った結果，銀河の直径の比較から求められたハッブル定数は，もし銀河系が実際に平均的な渦巻銀河とすれば，今日ほかのさまざまな手法で求められている値（$H \simeq 70$）と合致する．

これはハッブル定数を推定する手法としては，最良で精度の高いものとはとても言い難い．しかし，それは二つの理由で重要なのである．第一は，物理的で正確な方法ではあるが，物理学や数学の深い理解は必要ないということだ．「広大な牧場の向こうの端に立っているウシは，遠いから小さく見えているだけ」という私たちの日常生活の経験に基づいて理解できる．第二は，議論を逆転できることだ．銀河系が平均的な銀河である最初の証明は，近傍のわずか 17 個の銀河の大きさとの比較でなされた．しかし，現在ほぼ合意が得られているように H が 70 に近い値なら，はるかに多くの銀河との比較からその証明を補強できることである．今回，H が

ほぼ 70 であるとして，100 メガパーセクもの距離にあるものも含む 1000 個以上の銀河の平均の大きさを計算し，その値が実際に銀河系および近傍銀河の平均の大きさと非常に近いことを見出すことができた．少なくとも，直径 200 メガパーセクの「局所」空間（体積は 400 万立方メガパーセク以上）にある渦巻銀河の中では，銀河系は平均的な銀河なのである．

しかしこの領域は，観測可能な宇宙全体に比べれば依然として局所的な空間である．ハッブル定数を推定するこの方法で用いた最遠方の銀河の 30 倍以上も遠く，すなわち 100 億光年の彼方にも銀河はある．最近，遠方天体の研究からさらに興味深い話が出てきた．宇宙の膨張はビッグバン以来，アインシュタイン方程式の最も単純な解が予測するような減速の仕方をしておらず，加速をはじめたように見えるというのだ．

宇宙定数の復活

1990 年代に，天文学者は赤方偏移 $z = 1$ のあたりで銀河の赤方偏移-距離関係に目盛を入れるために，超新星の観測を用いはじめた（知られている超新星の最大の赤方偏移は $z = 2$ 以下である）．その手法は，SNIa に分類されるある種類の超新星は最大光度がどれも同じであることに基づいている．このことは，距離がよく知られている近距離の銀河で出現した SNIa の観測によって発見された．この発見はとりわけ重要なものであった．というのは，超新星は非常に明るい

のでかなり遠方の銀河に出現したものまで観測できるからである．

すべてのSNIaは最大光度時には同じ明るさなので，遠方のものほど見かけの明るさは暗く見える．このことは，もし最大光度が本当に一定なら，遠方銀河に出現したSNIaの見かけの最大光度を測定してその銀河までの距離を決められることを意味する．もしその銀河の赤方偏移も測定できるなら，ハッブル定数も求められる．観測技術のまさに限界でこのような観測が行われた結果，非常に遠方の超新星は，採用されたハッブル定数が示す銀河の距離からすると，少し暗すぎることがわかった（図11）．

きわめて遠方の銀河に出現する超新星は，近距離の銀河に出現するものより実際に暗いという可能性は残されているが，すべての観測結果を矛盾なく説明する結論は次のものである．もし宇宙がビッグバン以来，最も単純な宇宙モデルに従って膨張しているとすれば，これら遠方の超新星は，それが本来あるべきところより遠くにある．すべての結果をうまく説明するには，アインシュタイン方程式にわずかな修正を加えることが必要，すなわち小さな値の宇宙定数を復活させなければならないのである．宇宙定数はおそらく「大失敗」ではなかったのだ．

宇宙を満たすダークエネルギー
アインシュタインが宇宙定数をもち込んだのは静止宇宙の

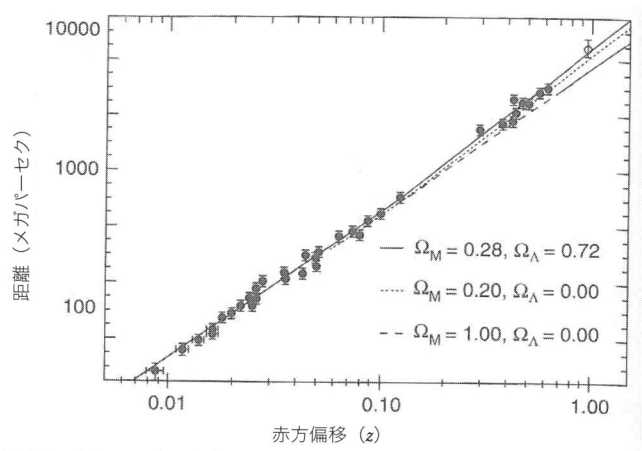

図11 きわめて遠い超新星の観測データから,赤方偏移−距離関係は遠方宇宙に拡張された.データに最もよく合うのは,以前に述べた宇宙定数Λの値がゼロでないモデル(実線)である.

モデルに合わせるためであった.しかし,宇宙定数の値を変えれば,膨張を加速させることも減速させることも,さらには宇宙をつぶしてしまうことさえできる.超新星の観測から要請される値の宇宙定数が存在することは,次の驚くべきことを意味している.通常の物質には何ら影響を及ぼさないが,あたかも弾力性をもつ圧縮された液体のように,重力に抗して宇宙を膨張させる効果をもつ一種のエネルギーが宇宙全体に満ちているのだ.宇宙定数は伝統的にΛで表されるので,これは「Λ場(ラムダフィールド)」とよばれている.この「場」の密度を適切に選ぶと,ビッグバン後の数十億年は,単純なモデルが予言するように膨張が減速し,その後減

速が止まってゆるやかに加速に転じることを説明できる．

　宇宙の膨張はΛ場によってこのように見事に説明できる（より複雑な説明の仕方もあるが，それらについてはここでは触れない）．Λ場は一定でありビッグバン以来同じ値を保っている．このΛ場は私たちには見えないので，それはしばしば「ダークエネルギー」（または暗黒エネルギー）とよばれる．ダークエネルギーは時空そのものがもつ性質であり，空間が膨張して体積が増大しても薄まることはない．このことは，空間に蓄えられているダークエネルギーの密度は変化せず，空間が膨らんでもつねに同じ圧力で空間を外向きに押していることを意味する．これは宇宙の膨張に伴って物質に起きることとは異なっている．ビッグバンによって宇宙が誕生した直後は，物質の密度は宇宙のどこでも現在の原子核の密度と同じくらい高かった．その物質のほんの1滴分ですら，地球上のすべての人間を合わせたのと同じくらいの質量をもっていただろう．それで，この物質による重力は完全にΛ場を圧倒していた．時間が経つにつれて宇宙が膨張し，同じ量の物質が入っている空間の体積が増えるので，物質密度は下がってくる．このため，膨張に与える物質の重力の影響はしだいに小さくなり，ついには（変化しない）ダークエネルギーの影響より小さくなってしまうのである．

　超新星の観測データからは，物質の影響は約50〜70億年前にダークエネルギーの影響と同じになったことが示されている．赤方偏移で言えば，減速から加速への転換は $z = 0.5$

〜0.8 の間に起き，現在は宇宙膨張が加速しているのである．

膨張が加速しているので，宇宙の年齢はそのことを考慮しないで計算した140億年より少し長くなる．というのは，過去の膨張が現在よりゆるやかだったので，現在の大きさになるまでの時間が長かったからである．この効果は非常に小さく，また，宇宙の年齢を最も古い星の年齢よりも長くするという正しい方向への補正なので，あまり問題ではない．

ダークエネルギーの密度はごく小さい．質量とエネルギーは等価であるというアインシュタインの発見に基づいて，ダークエネルギーを質量密度に換算すると，1立方センチあたり 10^{-29} グラム (0.000 000 000 000 000 000 000 000 000 01 g/cm^3) でしかない．つまりそれは，地球や太陽系や銀河系，あるいは銀河団を膨らませたりバラバラにしたりすることはできない．というのは，宇宙全体からすると小さなスケールであるこれらの天体のサイズ程度では，物質の重力の影響が完全にダークエネルギーを圧倒しているからである．

しかし，宇宙全体のスケールで見ると，たったこれほどの希薄なエネルギー，あるいはそれに相当する質量密度でも，星と銀河の間の何もない空間を含めて空間すべてで足し上げることになるので，莫大な量になる．それは，ダークエネルギーを質量に換算すると，星や銀河の全質量より大きくなることを意味する．このことをハッブルや同時代の天文学者が聞いたらたいへん驚いたであろう．彼らは宇宙の最も重要な

第5章　膨張する宇宙

構成成分を研究していると信じていたのだから．1990年代の終わりには，ダークエネルギーはまさに必要なものとなっていた．そのときまでに，宇宙には目に見えないものが存在することはすでに明らかになっており，宇宙論研究者はそれを「行方不明の質量（ミッシングマス）」とよんで，すでに長年探し続けていたのである．行方不明の質量が宇宙にあまねく存在することは1980年代に確実となり，今日ではミッシングマスはダークマターと名前を変えてよばれている．1990年代には，星や銀河とダークマターだけではまだこの宇宙を完全に説明できないことがわかってきた．そこにダークエネルギーが登場したのである．ダークエネルギーも，ダークマターとともに，現代の宇宙の姿を完結させるために必要なものであったことがわかった．このダークエネルギーとダークマターを含む宇宙こそが，人類のような生命にとってもきわめて重要な銀河の誕生と進化を理解するための枠組みなのである．

（＊訳注29）力学系のコンピュータシミュレーションで重力場の性質を調べるために導入される質量のない仮想粒子．重力に従って運動はするが，自ら重力を及ぼして場の性質を乱すことはない．

（＊訳注30）2004年にNASAが打ち上げたGP-Bというミッションを指す．2011年に一般相対性理論が予測する測地線効果とフレーム・ドラギング効果が検証されたとの最終結果が発表された．

（＊訳注31）どこに境目を置くかは議論の内容にもよるが，定量的な議論ではもっと小さな値，30分の1程度を目安とするのがよいだろう．

（＊訳注32）2013年4月時点では，分光観測で精密に測定された銀河の赤

方偏移のうち最大のものは,2009年に発生したガンマ線バースト母銀河の値 $z = 8.2$ である.精度が低い測光的赤方偏移という手法では赤方偏移が 10 を超えると推定されるものが見つかっている.

(*訳注 33)スケール因子とは,膨張する宇宙の相対的な大きさを時間の関数として表したものである.現在の値を 1 とすることが多い.

(*訳注 34)宇宙マイクロ波背景放射(CMB)のスペクトルが黒体放射のスペクトルに厳密に合致していたことを指す.

(*訳注 35)赤方偏移が小さく相対論的効果が無視できる場合には,銀河の実直径 D は,その銀河の見かけの角直径 θ と赤方偏移 z,およびハッブル定数 H を用いて,$D = (cz/H)\,\theta$ と表される.ここで c は光速度である.

第6章
物質の世界

私たちを構成する「バリオン」

　銀河は何からできているのだろうか？　明らかな成分は，輝く星と，光を放たない冷たいガスとダスト（塵）である．これは本質的には地球や私たちの体を構成する物質と同じく，原子からできた物質である．原子は，陽子と中性子からなる高密度の原子核と，それを取り巻く電子の雲から構成されている．原子核中の陽子1個について電子1個がある．星の中では，電子は原子核からはがされてプラズマという状態にあるが，物質としては同じものである．陽子と中性子はバリオンとよばれる素粒子の仲間で，天文学者は，星やガス雲や惑星や人間をつくっている物質をしばしば「バリオン物質」あるいはたんに「バリオン」とよぶ．電子はレプトンとよばれる別の素粒子の仲間である．しかし，電子の質量は陽子あるいは中性子の質量の約2000分の1なので，身のまわりにあるバリオン物質の質量は，陽子と中性子の質量でほとんど決まる．

　現代宇宙論のすばらしい業績の一つは，宇宙にあるバリオ

ンの量を予言できることである．あるいはどちらかと言えば，宇宙全体で平均するとバリオンの密度はどれくらいであるべきかを予言できると表現するほうがよいだろう．一般相対性理論の枠組みの中で，天文学者は，宇宙全体で平均した物質の密度をギリシャ文字Ω(オメガ)で表し，密度パラメータとよぶ．このパラメータは空間の曲がり方（曲率）に関係する量である．三次元空間の曲がりは，二次元の面の曲がり方から類推すると理解しやすい（図12）．地球の表面は閉じた面の例である．このような閉じた面の上を同じ方向に向かって進み続けるとふたたび出発点に戻ってくる．馬の鞍のつくる面は，すべての方向に無限に伸びる開いた面の例である．この二つの例のちょうど中間として，机の表面のようにまったく曲がっていない平坦な面がある．アインシュタイン方程式によれば，空間内にどれくらいの物質が含まれているかによって，空間は球の表面のように閉じた空間になるのか，鞍の面のように開いた空間になるのか，あるいは机の表面のように平坦な空間になるかが決まる．平坦な宇宙は密度パラメータΩが1であることに対応する．閉じた宇宙はそれより高い密度（$\Omega > 1$）をもち，開いた宇宙はそれより密度が低い（$\Omega < 1$）．天文学者は宇宙の密度をこのΩの数値で表す．たとえば，宇宙のバリオンの密度が宇宙を平坦にする量の半分（事実ではないが）だとすれば，Ω（バリオン）= 0.5 というわけである．

宇宙にあるバリオンの量

　宇宙にあるすべてのバリオンはビッグバンで，$E = mc^2$

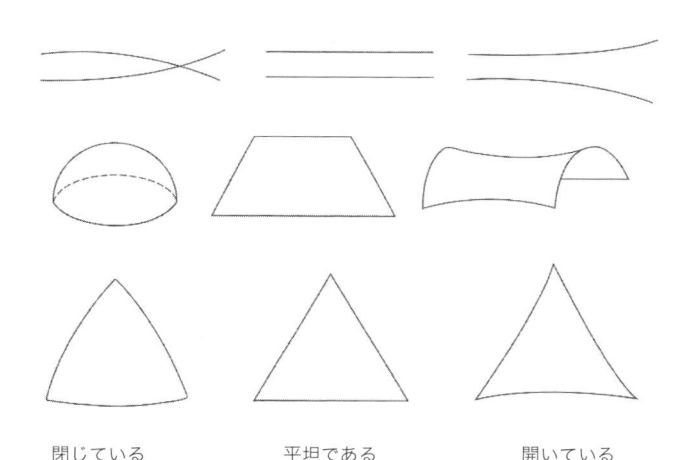

閉じている　　　　　　　平坦である　　　　　　　開いている

図 12 空間の曲がり方は三つのうちのどれかである．それはここでは二次元の面のたとえ（中段）で示されている．それぞれの面に描いた平行線（上段）と三角形（下段）も示してある．

（$m = E/c^2$ とも書ける）の式に従ってエネルギーから創生された．ビッグバンでつくられたバリオンの量は，そのときの温度が少なくとも 10 億度以上であったことが確かなら簡単に計算できる．空のあらゆる方向から届く弱い電波の背景雑音こそが，宇宙が実際にこれほど高温であった証拠である．この雑音は，ビッグバンの火の玉から出た放射の名残と解釈されている．当時は超高温であったが，赤方偏移によって約 1000 倍にも波長が引き伸ばされて，現在では絶対温度が 2.7 度（2.7 K）のマイクロ波の放射となっているのである（図 13）．現在のこの放射の温度から私たちは，宇宙が現在より小さく，この放射の赤方偏移が小さかった過去にさかのぼって宇宙の温度をどんな時刻であれ計算できる．宇宙のはじま

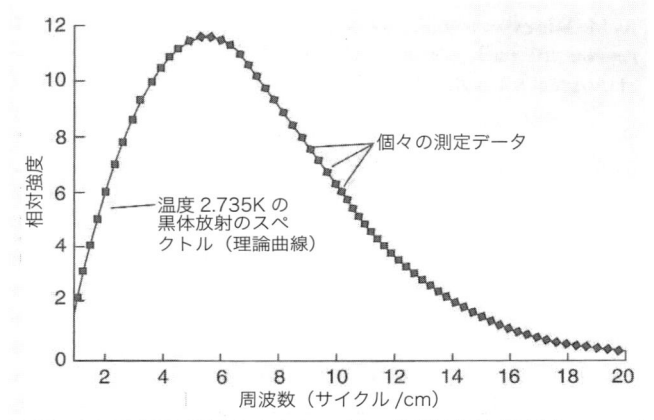

図 13 COBE 衛星が測定した宇宙マイクロ波背景放射（CMB）のスペクトル．実線が理論予想（黒体放射）で四角が測定データ．CMB のスペクトルが黒体放射のものと一致することは，CMB がかつて高温で，物質と平衡状態にあったことを示している．

りの 1 秒後は 100 億度，100 秒後は 10 億度，そして 1 時間後は 1.7 億度にまで下がった．比較のために言うと，太陽の中心部の温度は約 1.5 億度である．

このような超高温状態では，物質は太陽の内部と同様にプラズマ状態になっており，放射は頻繁に荷電粒子と衝突して跳ね返されている．上述した電波の雑音は宇宙マイクロ波背景放射（CMB）とよばれるが，それはビッグバンから約 30 万年経った時点（宇宙の温度が約 3000 度であったとき）から私たちに届く放射である．このときに，負の電荷をもつ電子と正の電荷をもつ陽子が結合して中性の水素原子ができた．このために放射は自由電子（原子核中の陽子に束縛され

図 14 WMAP 衛星によって得られた全天の宇宙マイクロ波背景放射の温度むら.

ずに自由に動き回る電子）に邪魔されることなく，空間を直進することができるようになった．

　初期の火の玉宇宙の物理状態は，爆発する核爆弾の内部に似たようなものであった．原子核物理学の知識から，ビッグバンの後で創生されたバリオンの成分は，重量比で約 75 パーセントの水素と，25 パーセントのヘリウムと，そしてほんのわずかのリチウムであったことが計算できる．さらに，バリオンの粒子が超高温状態で光と相互作用する仕方がわかっているので，宇宙マイクロ波背景放射の温度むらの観測（図 14）から，ビッグバンで創生され，宇宙に存在するバリオンの総量は，宇宙が平坦である場合の密度のわずか 4 パーセントしかないことも計算できるのである[36]．言い換えれば，Ω（バリオン）= 0.04 である．

謎の素粒子：冷たいダークマター

　次にやるべきことは，宇宙のバリオンの量に関するこの予想を，星や銀河として光で観測できる物質の量と比較することである．星の明るさと質量，および銀河の中にある星の数に基づいたおおざっぱで簡単な計算をしてみると，バリオンの約5分の1，すなわち平坦な宇宙の密度の1パーセント以下しか自ら光を出す物質はないことがわかる．残りの5分の4は，（光を出さない）星間空間にあるガスとダスト，あるいは燃え尽きて寿命を終えた星である．そのうちいくらかは，銀河系のような銀河を取り巻く，水素とヘリウムの透明なガスである．そしてさらに，以前に述べたように，銀河の回転や空間内での運動の様子から，銀河には大量の物質が付随していることがわかる．これはまだ地上の実験では見つかっていないある種の素粒子からなる，光を出さない「バリオン以外の物質」である．それは冷たいダークマター（Cold Dark Matter）と名付けられ，CDMと略記される．CDMを検出し，その正体を明らかにすることは，今日の素粒子物理学の最も重要な課題の一つである．

　CDMが存在する証拠は，銀河の回転運動や銀河が空間内を運動する様子から得られている．渦巻銀河の回転はよく知られたドップラー効果を使って測定できる．ドップラー効果から，回転に伴って，銀河の片側にある星が私たちに近づく向きに，反対側の星が私たちから遠ざかる向きに運動をすることがわかる．この方法は，かなり横から見た銀河にしか適用できないが，そのような銀河は多数ある．ドップラー効果

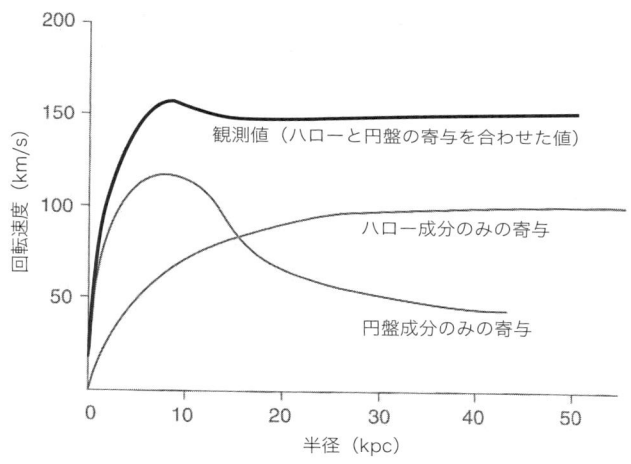

図 15 渦巻銀河の「回転曲線」(銀河円盤内での星やガスの回転速度を銀河中心からの距離の関数として表したもの) の模式図.

によるスペクトル線の偏移は,銀河の一方の側では銀河全体の赤方偏移に加わり,反対側では差し引かれる.そこで,半径方向に沿っていろいろな場所で測定される赤方偏移は,星々が銀河中心のまわりを回転する速度に対応することになる.このような観測からわかった重要なことは,ほかにも興味深いことが起こる中心核部分は別として,渦巻銀河の外側の銀河円盤では,見えている円盤の端まで回転速度が一定なのである (図15).円盤中の星は,km/s の単位で測って一定の速度で回転している.これは太陽系の惑星が太陽のまわりを回転する様子とはきわめて異なっている.

　惑星は中心にある大きな質量 (太陽) のまわりを回る小さ

な天体で，その運動は太陽の重力によって支配されている．このために，km/s で測る惑星の回転速度は，太陽系の中心からその惑星までの距離の平方根に逆比例する．木星は地球よりも太陽から遠いので，軌道も大きいが回転速度も地球より遅い．一方，銀河円盤の星々は中心からの距離によらずにすべて同じ空間速度で回転している．銀河中心から遠く離れた星は軌道も大きいので銀河中心を1周するのにかかる時間は内側の星より長いが，星々は同じ速度で回転しているのである．

　この振る舞いは，重力を及ぼす大量の物質の中に埋もれた比較的小質量の物体が示す運動そのものである．厳密なたとえではないが，少し大きなブドウパンとその中にある干しブドウの関係を考えよう．思考実験なので，干しブドウはパンの中を動き回れるとする．干しブドウの質量は小さいので，干しブドウ同士の間の重力はそれらの運動に影響をほとんど与えない．個々の干しブドウは，全体を包み込むパン生地の及ぼす重力によってその運動が決まるのである．銀河円盤の星の回転速度が一定であることからもたらされる自然な結論は，銀河系のような渦巻銀河はずっと大きな雲，すなわち光を出さない物質のハローの中を回転しているということだ．この物質は広く拡散した分布をしているので，ガス塊の集団というよりは何らかの粒子であるに違いない．その粒子は通常の物質に重力を及ぼすが，それ以外の方法（たとえば電磁的な方法）では相互作用しない．もしすればその相互作用が検知されるだろう．この見方によると，CDM 粒子は至ると

ころに存在する．あなたがこの本を読んでいるところにも存在して，何の相互作用もせずにあなたの体を貫通し続けている．あなたの体を含む地上のすべてのもの，すべての天体，また個々の銀河内の星間空間，さらには銀河も何もない宇宙空間のどこでも，1平方センチメートルの面積を取ると，そこを1秒間に約10万個のCDM粒子が透過している計算になる．

　冷たいダークマター（CDM）が存在することは，それが銀河団に与える影響からもわかる．銀河団中の個々の銀河の赤方偏移から，それらが銀河団中心に対してどのような速度でどのような運動をしているかがわかる．銀河団は重力的に束縛されているのでまとまって存在できる．そうでなければ，宇宙膨張によって銀河は引き離されて銀河団はバラバラになってしまうだろう．しかしこの重力的な束縛には限界がある．ボールを真上に向かって空中に投げ上げたとしよう．ボールは投げ上げた速度に応じて，ある高さまで上ってふたたび地面に落ちてくる．地球の重力がそれを引っ張っているからだ．しかし，もしあなたがボールを十分速い速度で投げ上げれば，それは地球の重力を振り切って宇宙へと脱出する．これが起きる最小の上向き速度を脱出速度とよぶ．地球表面での脱出速度は 11.2 km/s である．銀河団にある銀河の質量を明るさから推定してすべて足し合わせ，それぞれの銀河にダークマターハローが付随していることも考慮して銀河団の全質量を推定すれば，その値から銀河団からの脱出速度が計算できる．その結果，銀河を重力的に銀河団に引き留め

ておくためには，個々の銀河の周辺だけでなく，銀河と銀河の間の「何もない空間」にもダークマターが存在しているはずだということが結論付けられた．宇宙全体が目に見えないCDMの「霧」で満たされているのである．

すべての観測を総合的に解釈すると，宇宙にはバリオンのほぼ6倍のCDMが存在すると推定される．言い換えるとΩ（CDM）= 0.23である．このCDMとバリオンを合わせると，宇宙が平坦である場合の密度の27パーセントになる．すなわち，Ω（バリオン＋CDM）= Ω（物質）= 0.27である．

これは天文学者を困惑させる数値であった．というのは，これらの数値がこれほどの精度で決まるようになった20世紀の終わりまでに，宇宙は平坦であるということを示すほかの証拠が出ていたからである．それは，地球大気の影響を避けて，気球や人工衛星に搭載された装置による，宇宙マイクロ波背景放射の観測からもたらされた．これらの装置は非常に高性能で，宇宙マイクロ波背景放射の温度が空の場所ごとにわずかに変化しているのを検出できた．その温度変化[*37]は空の上では，（相対的に言って）高温と低温のスポットからなるまだら模様として観測された．この模様は，ビッグバンから約30万年後の宇宙で宇宙マイクロ波背景放射に刻み込まれたものである．

バリオン分布の「化石」

　宇宙の温度が下がって電気的に中性の原子ができる時点より昔は，放射（光子）と荷電粒子は相互作用し合っており，宇宙の中で物質（バリオン）の密度の違う場所では放射の温度も違っていた．ビッグバンから約30万年後，宇宙がある温度より低温になったとき放射と物質は相互作用しなくなり，放射には，当時のバリオンの密度変化のパターンに対応する高温と低温のスポットのパターン，すなわち相互作用が切れた時点（宇宙の晴れ上がり）におけるバリオンの分布の「化石」が刻み込まれたのである[*38]．光の速度は有限なので，30万年の間には30万光年しか進めない．つまり，ビッグバンから宇宙の晴れ上がりまでに何らかの相互作用をすることができた最大の領域は直径約30万光年の大きさだったことになる．このことは，天球上の宇宙マイクロ波背景放射の温度むらのパターン（図14）に見られる温度一定のスポット（等温斑点）の最大の大きさは，晴れ上がり時点での30万光年に対応していることを意味している．

　それ以降，放射（光子）は物質と相互作用することなく空間を直進してきた．太陽のような大質量の天体は，その端近くを通過する光を曲げることを私たちは知っている．これは，レンズが光を曲げるのにとても似ている．レンズはその表面の曲率に従って，遠方の物体の像を（望遠鏡で見るときのように）拡大したり，（望遠鏡を反対側から見たときのように）縮小したりする．一般相対性理論を使えば，宇宙の晴れ上がり時点で直径30万光年であった宇宙マイクロ波背景

放射中の最大の等温斑点が、今日どの大きさで観測されるかを計算することができる。観測される大きさは宇宙の曲率の値によるが、宇宙が開いていれば拡大され、閉じていれば縮小されて見える。もし宇宙が平坦なら等倍である。観測の結果は、宇宙はもしかするとわずかに閉じているかもしれないが、ほとんど正確に平坦であった。言い換えると$\Omega=1$である。

宇宙の調和モデル

ところが私たちは、宇宙にあるすべての物質は、宇宙を平坦にする量の3分の1以下であることを知っている。それはまさに当惑する状況であった。しかし天文学者がまさにこの問題を深刻に考えはじめたそのときに、遠方の超新星の研究が登場し、宇宙膨張が加速していることを示したのであった。加速の強さは宇宙定数の値によって決まる。結果は、宇宙を平坦にする量の73パーセントに対応する値だった。言い換えると$\Omega(\Lambda)=0.73$である。これはまさに必要とされている量だった。当惑どころか、Ω(物質)$=0.27$という発見は大勝利であることがわかった。宇宙のすべての成分を考慮すると、とても単純でまさに真実の式が得られたのである。

$$\begin{aligned}\Omega &= \Omega(\text{バリオン}) + \Omega(\text{CDM}) + \Omega(\Lambda) \\ &= 0.04 + 0.23 + 0.73 \\ &= 1\end{aligned}$$

ミコーバー氏[*39]なら,「幸せな結果になったじゃないか」と言ったであろう. この一連のパラメータで記述される宇宙モデルは,「ΛCDM モデル」(調和モデルとよばれることもある)とよばれており, 科学の偉大な勝利の一つである.

宇宙に関する私たちの理解を進めるための次の段階は, ΛCDM モデルの枠組みの中でいろいろな種類の銀河がどのようにして生まれたのかを明らかにすることだが, これはまだ研究途上にある. しかし話をそこに進める前に私たちは, 物質の世界, すなわち, 説明すべき銀河の種類にはどのようなものがあるのか, を詳しく見る必要がある. 残念ながら多様な銀河は, 渦巻銀河と楕円銀河というきれいな分類だけでは収まりきらないのである.

さまざまな銀河の構造

銀河系のような渦巻銀河の目に見える部分は, 円盤とその中心にあるバルジという古典的な二成分構造をしている. ただし, バルジが非常に小さい銀河もある. 最も目立つ円盤の特徴は渦巻腕だが, 円盤にある大量のガスとダストも, 種族 I とよばれる円盤中の若い高温の星を生むための原料となるのでとても重要である. バルジや円盤を包み込むように分布する球状星団の星は, 年老いた種族 II の星である. 渦巻銀河には, 中心に棒構造をもつものともたないものがある. 棒構造は, すべての渦巻銀河がある時期に示す一時的な構造なのかもしれない. ほとんどの明るい銀河は渦巻銀河である. 現在では, すべての渦巻銀河の中心核には, 銀河系の中心核

にあるのと同様の大質量ブラックホールがあることが知られている．最も大きな渦巻銀河は 5000 億個もの星を含んでいると思われる．

円盤はあるが渦巻腕のないレンズ状銀河（S0 銀河）は，やはり基本的な円盤とバルジからなる構造をしているが，円盤中にダストやガスがない．レンズ状銀河を構成する星はほとんど種族 II である．この種の銀河は，星を生むための材料を使い果たして，落ち着いた中年期にあるのではないかと推測されている．さまざまな角度から見ても遠方にあるレンズ状銀河は楕円銀河とほとんど区別できない[*40]．しかし，ドップラー効果によって回転速度が測定できれば，両者は区別できる．

楕円銀河は渦巻銀河や S0 銀河に比べれば全体としての回転速度は格段に小さいが，個々の星は楕円軌道を描いて銀河中心のまわりを回転している．詳しい観測が可能な近距離の楕円銀河では，異なる方向に向いた多数の星流があることがわかる．これは銀河系のハローに見られる星流に似ているが，ずっと大規模なものである．このさまざまな向きの多数の星流が，楕円銀河の全体的な形状を決めている．楕円銀河は厳密に言うと，球を押しつぶすか引き伸ばすかどちらかにしたかたちである回転楕円体形をしている（パンケーキ型をした前者を扁平楕円体，ラグビーボール型をした後者を偏長楕円体という）．楕円銀河は，年老いた種族 II の星がほとんどで，見かけ上は，円盤のない渦巻銀河や S0 銀河のバルジ

に似ている．少なくともいくつかの楕円銀河は，中心のまわりにリング状に分布するダストを含んでいるが，現在そこでは星生成活動はほとんど起きていない．前述したように，明るい銀河のほとんどは渦巻銀河であるが，最も明るい銀河は（渦巻銀河ではなく），1兆個以上の星を含み，直径が数百キロパーセクもある巨大楕円銀河である．一方で，最も小さい銀河も見かけ上は楕円銀河である．それらは数百万個程度の星を含むだけで直径は1キロパーセクほどでしかない．これらは矮小楕円銀河とよばれるが，そのうち最も小さいものは，最も大きな球状星団と同程度である．このことは，おそらく球状星団の起源を理解する一つの鍵になるだろう．これらの小さな銀河は，銀河系近傍にあるものしか見ることができない．銀河系の近傍にある約30個の銀河の半数は矮小楕円銀河である[*41]．宇宙にある銀河のほとんどはこのような矮小銀河であると考えられているが，遠方にあるものは観測できないのである．

楕円銀河，S0銀河，渦巻銀河のどれにも分類できないものは不規則銀河に分類される（図16）．不規則銀河は大量のガスとダストを含んでおり，活発な星生成活動を行っている．渦巻銀河のようなきちんと整った構造がないので，星生成活動は銀河のあちこちでばらばらと起こり，銀河は写真で見るとまだら模様のように見える．銀河系のまわりを回る衛星銀河の大小マゼラン雲は，かつては不規則銀河に分類されていたが，棒渦巻き構造をもつことがわかった．ただし，星生成活動によるまだら模様のため，見ただけではそれはほと

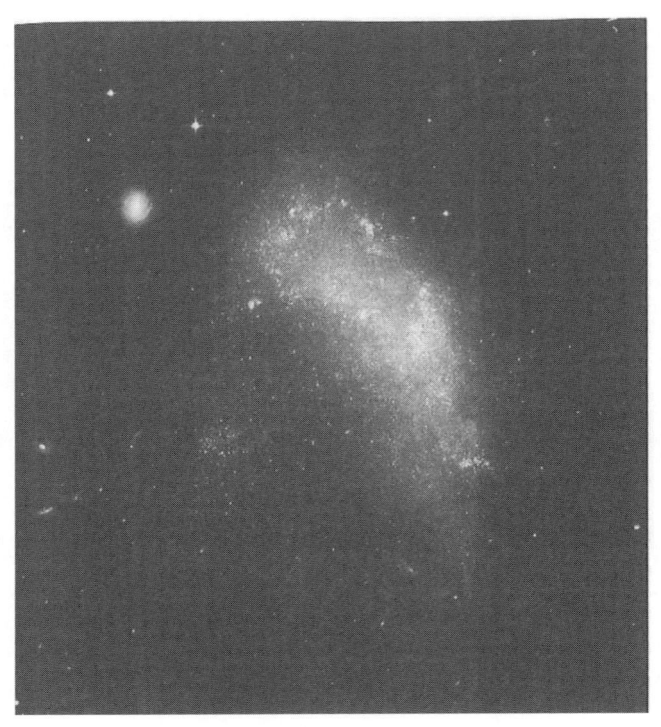

図16 不規則銀河 NGC 1427.

んどわからない．より大きな銀河が近接遭遇した際に，潮汐力で壊された残骸が不規則銀河になったものもあるだろう．そのような近接遭遇が実際に宇宙で起きている例が見られる．いくつかの例では，二つの銀河がたがいの近くを通過する際に潮汐力で引き伸ばされ，ゆがめられている．また，たがいに衝突して，合体する途上にあるものも見られる．銀河

の衝突合体は，以下に見るように，ある種の銀河の起源を探る重要な手がかりである．

スターバースト銀河

　銀河の近接遭遇はまた，スターバーストとよばれる爆発的な激しい星生成活動の引き金となる．スターバースト銀河という分類に正式な定義はないが，宇宙年齢よりずっと短い時間でガスとダストを使い果たすほど激しい星生成活動を行っている銀河のことを指す（図17）．それなので，スターバースト銀河は一時的な現象であるはずだ．スターバースト銀河の中には，銀河系の値の約100倍も高い，数百太陽質量/年という星生成率で星をつくっているものもある．このような銀河は，宇宙年齢の1パーセントである1億年以内に，すべての原料を使い果たしてしまうだろう．

　スターバースト銀河，とくに小質量のものの中にはとても青い色をしたものがある．若い高温の星の光が支配的だからである．それらはダストをほとんど含んでいない．それら青いスターバースト銀河はおそらく，もう一つ別の銀河との相互作用か合体によって，ダストを含むガス雲がかき回されスターバーストが起きて，ガスとダストを消費しつくした結果であろう．こうした銀河の中で起きる一つのスターバーストから，直径20光年（6〜7パーセク）程度までの星団ができるが，それは太陽の10万倍も明るい．一方では逆に，非常に大きく非常に赤い色をしたスターバースト銀河もある．それらは人工衛星に搭載された装置によって赤外線で検出され

図 17 スターバースト銀河 M82. これはハッブル宇宙望遠鏡の WFPC2 カメラのデータと, アメリカのキットピーク天文台の口径 3.5 メートル望遠鏡によるデータを合成した画像である.

る.これらの銀河は莫大な量のダストに取り巻かれており,このダストが若い星から出る光(おもに紫外線)を吸収し,赤外線として再放射する.ダストを透過して見ることができるX線望遠鏡によって,これら大きなスターバースト銀河の多くには,中心核が二つあることがわかった.このこと

は，これらが二つの大きな銀河が合体したものであることを示している．二つの中心核はそれぞれの銀河の中心核にあったブラックホールで，それら自身はまだ合体していない．今日スターバースト銀河はたくさんあることがわかっているが，それは天文学者が，スターバースト銀河を探すために必要な赤外線やX線の観測技術を手に入れ，何を探せばよいのかを理解したからである．

銀河中心核にあるブラックホール

物質を空間に噴出する爆発などの激しい活動の様子がいくつかの銀河で見られることは，中心核にブラックホールがあることで説明できる．そのような中心核活動を示す天体は，さまざまな望遠鏡を使って可視光，電波，赤外線，X線など異なる波長帯の電磁波で観測することで，何十年もの間に少しずつ見つかってきた．その結果，それらの天体には多くの異なる名前が付けられたが，今日では一つの種類に属すると考えられている．セイファート銀河，N銀河，とかげ座BL型天体，電波銀河，そしてクェーサーなどの名前でよばれる天体は，今日「活動銀河核（active galactic nucleus）」と総称され，AGNと略記される．これらはすべて，大質量ブラックホールへの物質の落ち込みという同じ種類のプロセスによって活動していると今日では考えられている．それらは，活動の規模が異なるのであって，活動の種類はみな同じなのだ．

物質がブラックホールに落ち込むとき，物質がもつ重力エ

ネルギーは動きのエネルギー(運動エネルギー)に変わり,物質は加速される.2階の窓から物を落としたときにも,規模は小さいが,同じことが起きる.重力エネルギーが運動エネルギーに変換されるにつれて落ちていく物体の速度は増す.それから,物体が地面に衝突したときには,運動エネルギーが熱エネルギーに変換され,それは地面の物質の中にある分子に与えられる.分子はこのために少し運動が速くなり,物体の落ちた地面の一角はほんの少し温度が上がる.クリケットの試合のようなスポーツのテレビ放送で使われる「ホットスポット」という技法は,ボールが正確に落ちた場所を示すために,この温度上昇をとらえる技術を使っているのである.

 ブラックホールに落ちていく物質は,直線的ではなく巻き込みながら落ち込み,しだいに細く絞り込まれるので,曲がった漏斗のようなかたちになる.この漏斗の中を落ち込む粒子もまた,たがいに衝突して高温になる.そうして降着円盤とよばれる高温ガスが渦巻く円盤ができる.ブラックホールの重力場は非常に強いのでこのようにして,落ちていく物質の静止質量エネルギー mc^2 の 10 パーセントにも上る大きなエネルギーが解放される.中心のブラックホールが太陽質量の1億倍,すなわち銀河中にある星の全質量のほぼ 0.1 パーセントにも達する場合でも,それが太陽のような星を毎年たった2個飲み込めば,最も活動的な活動銀河核に匹敵するエネルギーを生み出すことができる.

すべての銀河がおそらくこの活動的な時期を経て，中心のブラックホール周辺の「燃料」のすべてが飲み込まれたときに，銀河系のような形の整った活動性の低い銀河になるのだろう．しかし，もしほかの銀河との衝突によって銀河が揺さぶられ，ガスとダスト，あるいは星までもが新たにブラックホールに落ち込むなら，ふたたび活動性を取り戻すことがあるだろう．ブラックホールに落ち込む星は，飲み込まれるずっと前に，強い潮汐力によって構成粒子一つひとつにまでバラバラに引き裂かれる．

　中心のブラックホールからのエネルギーはしばしば，銀河面に垂直な二つの方向に向かうビームとなって放出される．これはおそらく，ブラックホールを取り巻く降着円盤が，その「赤道」面に平行な方向にエネルギーが出ていくのを妨げているからだろう．エネルギー（放射）とともに物質も細いジェットとなって中心核から放出され，それが周辺の物質と相互作用して，銀河の両側に電波で見える耳たぶのような構造（電波ローブとよばれる）をつくる．クェーサーとよばれる最も活動性の高い活動銀河核はあまりにも明るいので，その光に妨げられて，本体の銀河の星を見ることはきわめて難しく，不可能な場合もある．その結果，通常の写真ではクェーサーは一つの星のように見え，その正体は赤方偏移を測ることによってはじめて明らかになる．クェーサーの典型的な明るさは銀河系全体の明るさの1万倍である．これほど明るいために，クェーサーは地上の可視光の望遠鏡でも，赤方偏移 $z = 6$ 以上，130億光年より遠くのものまで観測できる．

ただし,クェーサーの空間密度が最も高いのは赤方偏移 $z=$ 2〜3(100〜120億光年)である.ところが,クェーサーは例外的に明るい天体であり,必ずしも宇宙を代表する平均的な天体ではない.幸いなことに,ハッブル宇宙望遠鏡(HST)を極限まで使って,ビッグバンにより近い超遠方の宇宙にある,クェーサーよりずっと暗いたくさんの比較的活動性の低い銀河が検出されている.

遠くを見ることは過去を見ること

宇宙の非常に方にある天体を研究することの重要性は,昔が見えることにある.たとえば100億光年彼方の天体を観測すると,私たちは100億年昔にその天体を発した光を見ていることにある.これはいわゆる「ルックバックタイム」といわれるものである.このように,望遠鏡は宇宙が若かったときの姿を見せてくれるという点からは,一種のタイムマシンである.遠方の銀河から私たちに届く光は,それが長い旅をしたという点では年取っているが,その光で見る銀河は若い時代の銀河である.クェーサーの研究がはじまってまもなく,過去にはもっと多数のクェーサーが存在したことがわかった.それは,クェーサーが物質を飲み込んで活動し,まわりにあるすべてを飲み込んだら活動を弱めるという考えと一致するものだった.歴史的には,この研究結果は,定常宇宙論に代わってビッグバン宇宙論がより好まれる方向に潮流を変えた観測的証拠の一つであった.しかしハッブル宇宙望遠鏡で行われた,130億年以上昔の様子をとらえる,これまでで最も深い観測からさらに多くのことが明らかになった.

ここでさらに奇妙なことをもう一つ述べておく必要がある．遠方の天体の場合，そこを出た光は私たちに届くまでに長い旅をしたので，その旅の過程で宇宙は相当に膨張している．ルックバックタイムでたとえば4.25年といえば，私たちは4.25光年の距離にある天体を見ていることを意味する．しかしそれが42.5億年となると，私たちは光がその天体を発したときに42.5億光年の距離にあった天体を見ているわけで，現在その天体はそれよりずっと遠くにあることを意味している．この場合ではほぼ2倍遠くにある（状況はこれよりも複雑だが，この単純化したたとえで要点は理解できるだろう）．このことは，遠方銀河の「現在の距離」を正確にはどのように定義できるかという問題を提起する．とくに，光より速い速度のものはないので，言葉どおりの「現在の距離」は測れない．そこで私はほかの天文学者と同じように，天体がどれくらい遠いかを表す指標としてルックバックタイムを用いる．そして，局所宇宙の中以外では，それを距離に変換することはしない．本章でこれまでに出てきた「距離」は，実際にはルックバックタイムに等しいと見なすべきものである．

最古の銀河を求めて

　写真や電子的検出器は多くの点で人間の目よりすぐれている．その中で最も本質的なことは，長く露出するほど暗いものが見えるということである．人間の目が見るのは本質的にリアルタイムの画像（瞬間瞬間に目に入る光でつくられる画像）であり，ある限界より明るい物体だけを見ることができ

る．目が暗闇に順応するまではしだいに暗い天体が見えてくるが，順応した後では，もし天体が目に見えないほど暗いなら，その方向をいくら長い時間眺めても天体は見えてこない．しかし，現代の望遠鏡につけられた光検出器は，望遠鏡がその天体を向いている限り，暗い天体から届く光を加算して溜め続けることができる．このため，長時間露光した画像では短時間露光の画像より暗い天体が見える．天体からの光子（光の粒子）が一つずつ検出器に入射して，総量が徐々に増えていくからである．このプロセスを使った最も顕著な例として，2003年9月24日から2004年1月16日までの期間に，天文学者がハッブル宇宙望遠鏡で，ろ座の一角にある小さな天域を合計100万秒露光した画像が挙げられる．そこは通常の写真では完全に真っ暗で何も天体が映っていない場所であった．実際の撮影では800回の別々の画像が撮られたが，それらが電子的に蓄えられ，コンピュータの中で結合されて，11日間の露光時間に相当する1枚の画像として合成された．この一見真っ暗な天域のその合成画像には，なんと銀河が満ちあふれていた．そのうちのいくつかから届いた光は，宇宙がまだ9億歳にも満たなかった赤方偏移 $z=7$ のときに銀河を発したものだった．

その画像は，「ハッブルウルトラディープフィールド」とよばれ，HUDFと略称される（図18）．その画像に写された天域は，全天の1300万分の1の面積でしかない．その見かけの大きさは，伸ばした手に付いている一つの砂粒より小さい．プロジェクトにかかわった天文学者は，2.5メートルの

図18 ハッブルウルトラディープフィールド．

長さのストローを通して見た空の面積に等しいと述べている．しかしその微小な天域の HUDF 画像には，ほぼ1万個の銀河が写し出されていた．とくに関心がもたれたのは，最も大きなルックバックタイムをもつ，最も暗く最も赤いいくつかの銀河であった．これらの銀河からの光はハッブル宇宙望遠鏡の検出器の上に，1分間に光子1個というほんの小さな割合でしたたり落ちてきたのである．

HUDFには渦巻銀河や楕円銀河などの通常の銀河もたくさん含まれているが，より遠方の銀河はさまざまに奇妙なかたちをしていて，そのうちいくつかは明らかにほかの銀河と相互作用をしている．これらの銀河は，首飾りの断片のようになっていたり，長くて細いつまようじのようになっていたり，さまざまに奇妙なかたちをしている．これほど初期の宇宙には，渦巻銀河も楕円銀河も，近傍宇宙にある銀河に似ているものは何も存在していなかった．天文学者はこれを，銀河が誕生しつつある時代のスナップショットをとらえたのだと解釈している．この時期には，銀河はまだ最近の宇宙で見られる規則的な構造をもつようになっていなかったのである．次世代の望遠鏡でさらに宇宙の過去が見えたとすると，そこには何も見えないはずだと天文学者は予想する．ここが，宇宙の晴れ上がりが起きたビッグバンから30万年後から最初の銀河ができた数億年後の間の，いわゆる「宇宙の暗黒時代」である．この場合には，何ものも見えないということが，科学の理論の正しさを確認する大勝利となる．HUDFの中にある最も古い銀河は，その暗黒時代のまさに終わりにあって，赤方偏移 $z = 12$ にほぼ対応するビッグバンの4億年後の姿を見せているのかもしれない．

　おそらく原始銀河とよぶべきであろうこれらの銀河に関して最も注目すべきは，それらがこれほど宇宙の初期にともかくも存在していることである．誕生後10億年よりずっと若い時代に，宇宙は高温ガスの海から別の状態へと変化した．そこでは，銀河へと成長するのに十分な大きさの物質の塊が

存在し，宇宙が膨張するにつれてどんどん薄まってしまう運命にあった周囲の物質を重力で引き戻しつつあった．このことは，銀河の成長の種となるもの，すなわち宇宙の膨張に打ち勝つほど大きな重力を及ぼすコアが存在してはじめて可能になる．このコアが大質量ブラックホールであることがわかったことで，銀河系のような銀河がどのようにして現在の姿になったのかという問いに関する最後の謎が解明された．私たちは銀河系の一部なので，それは究極的には，私たち人類が存在する理由が解明されたことになる．

(＊訳注36) 宇宙マイクロ波背景放射（CMB）の温度ゆらぎのパワースペクトルがバリオンの量によって変わるので，その観測からバリオンの総量がわかるのである．

(＊訳注37) 温度ゆらぎとよばれる．温度ゆらぎは平均温度 2.7 K のまわりに約10万分の1というわずかなもの（標準偏差 3.5×10^{-5} K）で，海面のさざ波にもたとえられる．

(＊訳注38) 相互作用が切れる（相互作用をしなくなる）ことを脱結合あるいは再結合とよぶ．また，この時期を境にして光が空間を直進するようになって，宇宙があたかも霧が晴れたようになったので，この時点を「宇宙の晴れ上がり」ともよぶ．

(＊訳注39) チャールズ・ディケンズの小説『デイヴィッド・コパフィールド』に登場する人物．貧乏人でいつも借金生活にあえいでいるが，楽天家で，彼の成功を疑わない妻とともにいつも明るい未来を夢見ている．

(＊訳注40) 円盤を横から見た（エッジオン）場合は区別できることもあるが，円盤に垂直な方向から見た（フェイスオン）場合は区別がきわめて難しい．

（*訳注 41）矮小銀河には大きく分けて，楕円銀河のように見える矮小楕円銀河，次に述べる不規則銀河に似た矮小不規則銀河，星生成活動が活発で面輝度が高い青色コンパクト矮小銀河の 3 種類がある．

第7章
銀河の誕生

宇宙の大規模構造

　銀河がどのようにして今日の姿になったのかを詳細に説明する前に，宇宙そのものが今日どんな姿をしているのかを詳しく見ていこう．そのほうが，何を説明すべきかがはっきりわかる．個々の銀河の性質と形態についてはすでに述べた．また，ほとんどの銀河は重力で結び付いた集団の中にあるという事実についても述べた．しかし，銀河の誕生過程を探るうえで重要な手がかりとなる階層構造が宇宙にはある．最大規模のスケールにおいて，銀河（厳密に言えば銀河群や小規模の銀河団）は，宇宙の中を縦横に走る細いフィラメントのような構造の中にある．そしてフィラメントが交差するところに大きな銀河団が位置している．フィラメントとフィラメントの間には銀河のほとんどない暗闇の領域（ボイド）がある．この様子はしばしば，ヨーロッパや北アメリカのような世界の先進地域を夜間に空から見た景色にたとえられる．郊外を走るいくつかの道路は街灯と車のライトに照らされ，明るく照らされた都市に集中してくる．道路と道路の間の野原

や森は暗い.これとの決定的な違いは,宇宙における銀河の分布は三次元で,地球から見ると泡のように見える構造をしていることである.最新の赤方偏移サーベイ[*42]から,このような構造(宇宙の大規模構造,あるいは泡構造)が赤方偏移 $z = 0.5$ まで広がっていることがわかった.銀河群や銀河団とは異なり,これらのフィラメントは重力で束縛された系ではない.先の道路のたとえを進めると,フィラメントはそれに沿って多くの物質塊がおたがいの重力に引かれて動いている道路にすぎないと言えよう.しかしそれが存在することから,重力を及ぼす物質の量がわかる.

宇宙における銀河の三次元分布の全体的なパターンは,赤方偏移から距離を求めて100万個以上もの銀河の分布を描き出した天文学者のチームによって詳しく研究されている.比較的近距離の宇宙におけるこの銀河分布は,赤方偏移 $z ≒ 1000$ において宇宙マイクロ波背景放射に刻み込まれた高温と低温のまだら模様のパターン,および,さまざまな宇宙モデルの中で,銀河がどのように誕生し成長するかのコンピュータシミュレーションと比較される.バリオンと放射(光子)が緊密に結びついていた火の玉状態の宇宙には,以前に述べた,光の速度で決まる最大距離を最大波長として,それより短いあらゆる波長の音波が存在していたことが理論から示される.前述したように,宇宙が晴れ上がった後でも,放射は音波によって刻み込まれたパターンを運んでいるが,バリオンは重力によって集まり,多くの塊になっていった.私たちのまわりにある銀河分布のパターンを統計的な手法で解

析することによって，天文学者は，物質（銀河）の分布の中にこれら音波の痕跡（「音響ピーク」あるいは「アコースティック・ピーク」とよばれている）を検出することに成功している．

　2005年に，異なる解析を行った二つのチームがともに，大規模な三次元サーベイによる銀河の空間分布には，ビッグバンからの音波の痕跡が見られることを報告した．観測的にはすべてのことのつじつまが合った．しかしコンピュータシミュレーションから次の問題が指摘された．もしバリオンにはたらく重力がバリオンだけのものだとすれば，ビッグバンの火の玉の中にあったわずかな密度ゆらぎが，今日の宇宙に見られるほど大きな構造へと，宇宙年齢の間に（重力によって）成長することは不可能である．

　バリオン以外に余分の重力を及ぼす何者かの存在がここでも必要なことは，それほど驚きではないだろう．というのは，ダークマターの存在について，銀河の回転や銀河団が重力的に束縛されていることとの関連ですでに述べたからである．しかしこれはダークマターの存在を裏づける，まったく別の種類の証拠である．さらに，コンピュータシミュレーションは今日では相当精密になっているので，この問題を解決するためには冷たいダークマター（CDM）がどれほど必要かも正確にわかるのである．

宇宙進化のコンピュータシミュレーション

　宇宙の大規模構造のコンピュータシミュレーションでは,膨張するモデル宇宙の中で,重力を受けて運動する個々の「粒子」の振る舞いが追跡される.一つの粒子は太陽質量の約10億倍の質量に対応する[*43].これまでの最大規模のシミュレーションには100億個の粒子が含まれ,既知の物理法則に従って運動する.シミュレーションの開始時点では,私たちが(宇宙マイクロ波背景放射のパターンから)知っている宇宙の晴れ上がり時点での物質分布に従うように,粒子を統計的な手法で空間内に配置する.そして,粒子は,宇宙膨張を考慮して,それらが受ける重力に従って,短い時間ステップごとに次々と動いていく.宇宙定数,ダークマターの量,空間の曲率などのパラメータをいろいろ変えてシミュレーションをすることができる.この計算には長い時間がかかる.図19に示されるシミュレーション結果を得るには,812個のプロセッサーと2テラバイトの記憶容量をもち,1秒間に4.2兆回の計算を行う能力(4.2 TFlops)をもつUnixのクラスター計算機で数週間かかった.そのシミュレーションでは,ビッグバン(正確には宇宙の晴れ上がり)から現在までのさまざまな進化段階にあるモデル宇宙のスナップショットが64枚得られた(図19).

　結果は明快であった.図19のシミュレーション結果は,統計的には実際の宇宙にそっくりであった.じつはそのために私はこれを選んだのだ.現実の宇宙とそっくりな結果を与えるのはさまざまなモデル宇宙の中で唯一これだけである.

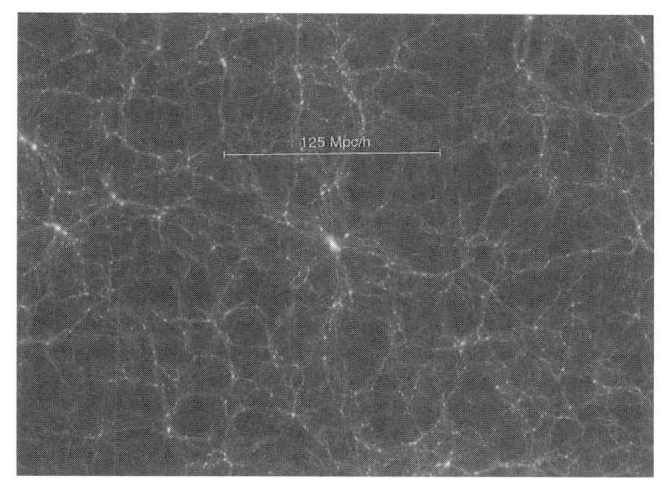

図 19 膨張宇宙の中での物質分布のシミュレーションから得られたスナップショットの1枚．これは観測された銀河分布にきわめてよく合致している．

宇宙背景放射に見られる温度むらのパターン（に対応する密度むら）から出発して，130億年後の今日の宇宙に見られる銀河分布を生み出せるのは，平坦で，バリオンの6倍のCDMを含み，宇宙定数がエネルギー密度の73パーセントを占めるモデルだけであった．それは言うまでもなくΛCDMモデルである．現在観測される銀河分布の構造ができる鍵はCDMにある．バリオンが放射（光子）との結合から切り離されて自由に運動できるようになるやいなや，CDMの密度がすでにわずかに高くなっていた宇宙の領域では[*44]，そのCDMの密度超過によって周囲のバリオンガスが徐々に引き寄せられ，ついにはガス雲の密度が高まり重力崩壊して

第7章 銀河の誕生　　125

星や銀河ができた．その結果，泡状の構造が宇宙の中にできたのだ．一方，明るいフィラメントの間の暗いボイド領域では，CDMの密度は高くなかったのでバリオンも集まってこなかった．ここにも，わずかのさざ波（密度のゆらぎ）さえ立てば，ガス雲が重力崩壊するのに必要な条件が整っていたことだろう．以前の網目状の道路のたとえを変えるなら，明るいフィラメントはバリオンが流れる川にも見立てられる．以上が，現在天文学者が信じている銀河誕生過程のあらすじである．

宇宙の晴れ上がり直後は，バリオンはまだとても高温で，ダークマターが存在していてもすぐに重力崩壊することはできなかった．しかし，決定的なことは，ダークマターは「冷たい」ので，密度が周囲よりわずかに高いところではすぐに重力崩壊をはじめられたことである．赤方偏移約100に対応するビッグバンの2000万年後までは，宇宙はまだ比較的密度むらが大きくなかったが，CDM粒子は重力でたがいを引き合って塊をつくりはじめていた．この塊の重力が，最終的には宇宙膨張に抗してバリオンを引き付けるようになるのである．宇宙マイクロ波背景放射に刻まれたわずかのさざ波から出発して，赤方偏移25〜50の間頃までにCDMは，質量はほぼ地球程度だが大きさは太陽系ほどもある塊をつくっていた．この球状の雲の塊の質量のほとんどは中心近くに集中していて，それらはたがいに重力的に引き合って，宇宙膨張に抗して合体し，集団をつくり，集団がまた集団をつくり，しだいに大きくなって「ボトムアップ」的に階層構造を形成

した．このことによって，バリオンは周辺にある最大質量の塊に流れ込み，フィラメントが交差する節で，星をつくり銀河をつくって，「宇宙高速道路網」のような様相を宇宙の中につくり出したのである．

宇宙最初の星

　宇宙で最初に輝く天体は，太陽質量の数十～数百倍の質量をもつ大質量星であっただろう．これらの星は今日私たちの周辺にある星とは非常に異なっていた．というのは，それらはビッグバンで合成された水素とヘリウムしか含んでおらず，重い元素はまったくなかったからである．最初の星生成はフィラメント構造の中の局所的な領域で起きただろう．その局所領域はしだいに，階層的に宇宙全体に広がる，より大きなフィラメントの一部となっていった．このようなフィラメントは，銀河団や超銀河団がその中を流れるにつれて，現在でも発達し続けている．理論モデルによると，星生成領域はビッグバンの約2億年後に誕生したと考えられる．一つの領域が含む質量は太陽質量の10万～100万倍で，直径は30～100光年であった．この大きさは，今日銀河系で見られる星生成領域のものとほぼ同じである．しかし当時の「雲」はおもにダークマターでできていた．

　このような雲の中でバリオンが重力崩壊して星になる過程をコンピュータでシミュレーションすると，宇宙の大規模なフィラメント構造と似たようなフィラメント構造がそれぞれの雲の中でできてきて，バリオンがフィラメントの交叉点に

落ち込んでいくことが示唆されている．バリオンの密度が高まるにつれ，原子同士の衝突が頻繁に起きるようになり，水素原子が二つ結合して水素分子ができてくる．重要なことは，これらの水素分子が赤外線を放射して，雲の中のバリオンガスを冷却することである．ヘリウムの分子も同様のはたらきをするが，水素分子ほど効率はよくない．雲の中でダークマターとバリオンをある程度分けて，バリオンガス（だけ）を冷却し，さらに原始星へと重力崩壊させることができる冷却機構はこの水素分子によるものだけである．

今日の星生成領域では重元素があるおかげで，冷却プロセスはずっと効率的である．このために，現在のガス雲は，星が生まれる前に可能な限り収縮できるのである．しかし原始の星生成領域ではすべてのプロセスがより高温の状態で起きるため，初代星を生むガス雲は太陽質量の数百〜1000倍の質量をもっていた．今日の星生成と同じように，これらのガス雲が分裂するのはきわめて難しく，一つのガス雲から2〜3個の（おそらく3個より多くない）星が誕生した．雲の質量のうちいくらかは，原始星の温度が上がるにつれて吹き飛ばされた．

その結果，最初に誕生した星（混乱するよび方だが，銀河系の星に対する伝統的な名称を拡張して「種族III」とよばれている）は，典型的には太陽質量の数百倍の質量をもち，表面温度は10万Kで，強力な紫外線を放射する．初期の宇宙を満たしていたこの放射は今日でも見ることができる．た

だし，それは赤方偏移の結果，赤外線放射となってスピッツァー宇宙望遠鏡で観測されている．

　初代の星は明るいが寿命は短い．星の寿命は質量の2〜3乗に逆比例する．というのは，大質量星は自らの重量を支えるためにより激しく燃料を燃やさなければならないからである．誕生してから200万年，ビッグバンから数えればわずか2億〜2.5億年以内に，太陽質量の100〜250倍の質量をもつ星は一生を終えて大爆発し，物質を周辺のガス雲にまき散らす．この物質には宇宙最初の重元素が含まれており，それが混じることによりガス雲の冷却効率が高まる．このため，爆発した星からの衝撃波がきっかけで重力崩壊して次世代の星になるガス雲の塊はずっと小さくなり，今日の銀河系内の同種のガス雲と同程度になった．実際，この第二世代の星は，現在でも銀河系の中に生き残っているかもしれず，種族IIで最も古い星の年齢は132億年を超えると推定されている．それらはビッグバンから5億年以内に誕生した星である．

星の死とブラックホールの誕生

　太陽質量の250倍を超える質量の星は，最後の爆発で完全に砕け散るわけではない．それがもっていた物質の大半は重力崩壊してブラックホールになる．これらの初代星は当時の宇宙における最も密度の高いところで生まれたので，死後にできたブラックホールもたがいに近距離にあり，合体をくり返してより大質量のブラックホールになるのはありそうなことである．銀河の中心核に今日見られる大質量ブラックホー

図20 活動するブラックホール．M87銀河の中心核から出ているジェットはブラックホールによって駆動されている[*45]．可視光線ではわずかに見える程度（上）だが，赤外線ではくっきりと見える（下）．

ル（図20）がどのようにしてできたのかはわかっていない．しかし，これら初代星が残したブラックホールの合体が一連のプロセスの出発点となり，その後周辺の物質を飲み込んで，大質量ブラックホールが形成された可能性はある．

　赤方偏移 $z = 6.5$ あたりにある複数のクェーサーの観測から，太陽質量の少なくとも10億倍の質量をもつブラックホールが，宇宙が10億歳になるずっと前につくられていたことがわかった．130億光年に近いルックバックタイムの彼方にあっても観測できるほど例外的に明るいこれらのクェーサーは，銀河が誕生する時期の早さを立証するものである．コンピュータシミュレーションは，銀河の種となるこれより小質量のブラックホールも多数あることを示している．各々のブラックホールは，太陽質量の1兆倍もの物質を含むハローの中にあるかもしれない．バリオンが中心のブラックホールに落ち込んで，その重力エネルギーでクェーサーあるいはその他の種類の活動銀河核ができ，外側の比較的静穏な領域ではバリオンから星ができて銀河の本体となる．シミュレーションによると，もともと地球質量規模であったブラックホールは，多数のものがこの大激動期を今日まで生き延びて，銀河を取り巻くダークマターのハローの中に存在している．銀河系のハロー中だけでも，10^{15} 個ものそのような小質量のブラックホールがあるだろうと推定されている．

　計算によると，ここで述べたプロセスによって，中心のブラックホールが少なくとも太陽の100万倍の質量をもってい

れば,使える時間(数十億年)の間に銀河系ほどの大きさの天体が形成される.銀河系の中心核にあるブラックホールの質量は太陽質量の約400万倍であることが観測から知られている.つじつまはすべて合っている.このように,天文学者はいまや最初の銀河がどのようにして生まれたかに関しては矛盾のないモデルをもっている.しかし,説明しなければならないことがまだいくつか残っている.銀河中心核にあるブラックホールの質量と母銀河(ブラックホール,すなわちクェーサーを中心核にもつ銀河)の性質の間にある興味深い相関関係はその一つだ.

ブラックホールと銀河の密接な関係

はじめに,この種の研究がいかに新しいものであるかを思い出しておこう.大質量ブラックホールは,比較的近傍の銀河でしか直接的に調べることができない.そこでは,中心天体のまわりを回転する個々の星の運動をドップラー効果で測定して,その中心天体の質量が決められるからである.最初の大質量ブラックホールが見つかったのは1984年になってからである.それ以来20世紀の終わりまでは,一つ発見するだけでも画期的なことであり,それらの性質を一般的に議論するほどの数がなかった.しかし,2000年までには,既知の大質量ブラックホールの数は33個に上った.そして年間に2〜3個が発見されるようになっていた.それらと母銀河の関係を体系的に理解するための期が熟していた.

21世紀の初めに,銀河の中心核にあるブラックホールの

質量と，円盤の中心にあるバルジの質量，あるいは楕円銀河の場合には銀河全体の質量との間に相関関係があることが発見された．円盤の質量との間には何の関係もなかった．円盤はあたかもバルジができたのを見て，後から付け加わったかのように見える．渦巻銀河とレンズ状銀河（S0銀河）の中心にあるバルジは楕円銀河にとてもよく似ているので，すべての原始楕円銀河は当初ブラックホールのまわりに同じような方法で形成され，円盤をつくるための原料がまだ残っていたものだけが円盤をつくったということがありそうに思える．そこで，楕円銀河と円盤銀河のバルジを合わせてその性質を議論するときに，天文学者は「楕円体」あるいは「楕円体成分」という語を用いる．

大質量ブラックホールの質量は，楕円体成分の中心核のごく近傍にある星の速度を測ることにより決定される．一方，楕円体成分全体の質量はその明るさから推定できる．別の方法もある．楕円体成分全体に含まれる星のドップラー効果を平均して，成分全体を特徴付けるある種の代表的な速度を求めることができる．この値は速度分散とよばれる．銀河団中の銀河の運動速度から銀河団の質量を求めたのと同じやり方で，この速度分散から楕円体成分の質量を推定できる．これは，明るさから推定するのとはまったく独立な質量推定法である．観測結果をすべてまとめると，質量の大きい楕円体成分ほど中心のブラックホールの質量が大きいという相関関係があることがわかった．じつのところ，これだけならさほど驚くことではない．驚くべきことは，それら二つの質量の関

係が非常に精密であることだ．中心のブラックホールの質量はつねに楕円体成分の質量の 0.2 パーセントである．

　これはとてもわずかな割合なので，楕円体成分の全体的な星の運動にブラックホール自体が関与していないことは明らかだ．重力的な観点で言えば，ブラックホールが「関知する」のは，楕円体成分の全質量（すなわち，星と星間空間にあるガスとダスト（塵）を合わせた質量）だけなのである．楕円体成分はじつのところ，中心にブラックホールが存在することさえ知らない．もし仮にブラックホールを取り除いたとしても，銀河全体の中で星の運動は変わらず，見かけ上何の変化も起こらないだろう．

　この相関関係は質量の間の関係として最も簡潔に表現されるが，より重要な側面は，質量が大きなブラックホールを宿す楕円体成分ほど星の速度分散が大きいことである．これは，ブラックホールの質量が大きいものほど，銀河が誕生する過程で，銀河のもとになったバリオンが，ダークマターハローの中でより大規模に重力崩壊したことを示している．言い換えると，より大規模に重力崩壊する系の中でブラックホールがより重くなるということで，重力崩壊がブラックホールの成長を促進することを示唆している．ブラックホールの質量は重力崩壊のプロセスが決めているのだ．大質量のブラックホールが最初にできて，それから銀河がそのまわりにできてきたとはとても考えにくい．両者は，宇宙の大規模構造をなすフィラメント中の塊の中で，原料である高密度のバリ

オンと太陽質量の数百倍という原初ブラックホールを種として，同時に成長したに違いない．このプロセスはときに（ブラックホールと楕円体成分の）「共進化」とよばれている．

　この共進化の詳細はまだ解明されていないが，成長するブラックホール周辺から外に吹き出されるエネルギーが，まずまわりの物質中で星生成活動を引き起こし，ある時期になると周囲のガスとダストを吹き払ってブラックホールの活動と成長を止め，同時に活発な星生成の初期段階を終息させるという概略は簡単に理解できる．このシナリオは，中心領域から太陽質量の 1000 倍もの物質を高速風として噴き出しているスターバースト銀河の観測に合致する．このような銀河風は，それが吹き続けている間は星間雲を圧縮して星生成を活発化する．使える質量の 0.2 パーセントはブラックホールに飲み込まれるが，残りのバリオンの約 10 パーセントが星になる．

　中心のブラックホールの質量と楕円体成分の速度分散の相関関係は，広い範囲，少なくとも太陽質量の数百万〜数十億倍（1000 倍の範囲）の質量をもつブラックホールに対して成り立っている．それはまた時間的には，現在から，宇宙年齢がわずか 20 億歳であった赤方偏移 $z = 3.3$ の時代まで成り立っているのである．この相関関係が最初に発見されたとき，中心にバルジをもたない円盤だけの銀河にはブラックホールがないように見えた．しかし 2003 年に，バルジのない渦巻銀河 NGC 4395 にブラックホールがあることが発見さ

れ，その質量は太陽質量の1万〜10万倍と推定された．これは太陽に比べればとても大質量だが，これまで述べてきたものに比べれば1匹の蚊のようなものである．この銀河にはバルジがないが，その中心には星の集団があり，その運動から銀河全体の速度分散（30 km/s）が求められた．速度分散とブラックホール質量の間の相関関係がここでも成り立つとすると，速度分散から予言される質量は太陽質量の6万6000倍となる．この値は，上記推定値の範囲に入っている．つまり，これほど小さな質量まで相関関係が実際に成り立っているのだ．不規則銀河は違うかもしれないが，すべての円盤銀河と楕円銀河は，その中心核にブラックホールを宿しているのかもしれない．

　この相関関係は，銀河系とお隣のアンドロメダ銀河M31でも成り立っている．銀河系中心核にあるブラックホールは太陽質量の400万倍と小さく，中心のバルジも小さいが，M31のブラックホールは太陽質量の3000万倍で，それに対応してバルジも大きい．銀河系とアンドロメダ銀河の関係は，中心のブラックホールだけでなく，誕生後の銀河の進化についても手がかりを与えてくれる．

銀河と銀河が出会うとき

　ここまで述べてきたのは，比較的小さな楕円銀河と円盤銀河の誕生の話であった．すでに少し触れたが，巨大楕円銀河は小さな銀河の合体を通じて形成された．現在，銀河系とアンドロメダ銀河は秒速約300キロメートルの視線速度（57

ページの訳注17を参照）でたがいに近付いている．正面衝突することはないが，両者は遅くても100億年以内には合体して一つの巨大楕円銀河になるだろう．アンドロメダ銀河には中心核が二つある．これは，アンドロメダ銀河がかなり大きな銀河を飲み込んで現在の大きさに成長したことを示す証拠である．しかし，今後予想される，二つの立派に成長した渦巻銀河同士の合体はそれよりはるかに華々しいものとなるだろう．

　すでに述べたように，銀河内で星々は，それぞれの直径に比べればたがいにかなり離れているので，仮に二つの銀河が正面衝突したとしても，星と星が衝突する機会はほとんどない．重力によって星の軌道が変えられるために銀河のかたちがゆがむが，星だけに関していえば，二つの銀河はたがいをすり抜けるだけである．しかし，星間空間にある巨大なガスとダストの雲は衝突する．衝突によってこれらの雲は圧縮され，重力によってかたちがゆがみ，多くのスターバースト銀河で見られるような，星生成の波を引き起こす．通過するときにおたがいの銀河から引き出されたガスとダストは，物質の流れとなり，その中で球状星団が生まれるだろう．そして，すり抜けた銀河は重力でふたたび引き戻され，もう一度相互作用が起きる．これが何回もくり返され，二つの銀河の中心核は毎回少しずつ近づいて，ついに合体して一つの銀河となる．そこには円盤のかたちはもはやなく，すべての星が一つの体系をなし，その中にさまざまな向きに運動する星流がある．星流のいくつかは，昔それが属していた円盤の記憶

をとどめているものもある．二つのブラックホールが最終的に合体するときに，エネルギーが爆風のように噴き出され，最後の星生成活動を引き起こす．それが終息した後，新たに生まれた巨大楕円銀河は落ち着いた生涯を送りはじめる．このような合体の最終段階の一歩手前にあるのが NGC 6240 銀河である．そこでは銀河のまさに中心で，二つのブラックホールが 1 キロパーセク程度の距離にあり，間もなく衝突すると考えられている．

かつて，銀河系とアンドロメダ銀河の衝突は，現在から約 50 ないし 100 億年後，太陽が明るい星としての寿命を終えた後で起きると考えられていた．しかし 2007 年に，ハーバード・スミソニアン天体物理学センターの研究チームは，銀河系の変形はわずか 20 億年後には起きはじめるだろうという計算結果を発表した．そのときにはまだ太陽系内に知的生命体がいて，その様子を見ているかもしれない．しかし，それを最後まで見届けるには，ずいぶん長く辛抱しなければならない．というのは，この改訂された予想によっても，合体プロセスが完了するにはその後さらに 30 億年かかるからである．そのときまでには，年老いた太陽は合体した銀河の中心から 30 キロパーセク，現在の約 4 倍の距離のところに位置しているだろう．この最新結果の予測する時間が正しいかどうかはまだわからないが，それがいつ起きるにしても結末はほとんど同じであろう．

一方で，近接遭遇はまた，銀河を小さくする場合もある．

構成メンバーの多い巨大な銀河団では，個々の銀河（「ミツバチの群れ」の中の「ミツバチ」）は，重力の影響を受けて激しく運動しているので合体することができない．その代わりに，たがいをかすめて高速で通りすぎるときに，ダストやガスや星までもはぎ取られ，それらが銀河間空間に流れ出す．この結果，個々の銀河は質量を失い小さくなっていく．そのようなガスは高温のプラズマとしてX線で検出される．こうしたことが起きる巨大銀河団の中心には，銀河団で最大の楕円銀河があり，ちょうどクモの巣の中心にクモがいるように，近くに来たものすべてを飲み込んでしだいに太っていくのである．

　赤方偏移が小さい局所宇宙では，合体の最終段階にある銀河は100個に1個の割合である．しかしこの最終段階にある時間は，宇宙年齢に比べればずっと短い．統計的な考察によると，局所宇宙にある銀河の約半数は，過去70〜80億年の間に，同程度の大きさの二つの銀河が合体してできたと考えられる．銀河系のような渦巻銀河は，楕円体成分からはじまって，時間とともに，小さな銀河が少しずつ落ち込んで成長した．星流が，銀河系に捕捉された小さな天体の残骸と解釈されていることについてはすでに述べた．小さな天体を飲み込んで銀河系が成長したという考えを支持するもう一つの証拠が球状星団から得られる．球状星団の年齢は，分光観測によってその化学組成を調べれば，高い精度で推定できる．

最初の銀河

　宇宙初期にできた古い星は，水素とヘリウムより重い元素をほとんど含んでいないが，若い星は，それ以前の世代の星の内部でつくられた重元素を含んでいる．一つの球状星団の星々はみな同じ年齢を示しており，それらは一つのガス雲から同時に誕生したことを示している．しかし，球状星団それぞれは星団ごとに異なる年齢であり，それらができた時期が異なることがわかる．最も古い球状星団の年齢は130億年より少し古く，最初の銀河ができたと考えられている時期と見事に一致する．球状星団の年齢にさまざまなものがあることは，銀河系の（もともとあった）バルジの外側の部分は，太陽質量の100万倍以下の質量をもつ何十万という小さなガス雲からつくられたという考えを支持する．成長しつつある銀河系に小さなガス雲が衝突するたびに，衝撃波がガス雲中を伝わり，中心でスターバーストを引き起こして，その中心に一つの新しい球状星団が誕生したのである．ガス雲中にあった物質の大半は重力で引き寄せられ，摩擦で減速され，バルジの周辺で成長しつつある円盤の一部となった．球状星団の中には，今日まで生き延びたものもあるが，軌道によっては銀河系中心にあまりに近づきすぎて，潮汐力で引き裂かれてしまったものもあるだろう．しかしコンピュータシミュレーションによると，バリオンの数倍の量のダークマターが全体的な重力場に寄与している場合にのみ，限られた時間内にこの銀河形成のシナリオが実現するのである．ダークマターがなければ円盤銀河はまったく成長できない．そして何よりも，ダークマターがなければ，最初の種となった楕円体成分

も存在しなかったであろう.

　この自己矛盾のないシナリオの中では，小さな不規則銀河は，宇宙の初期から現在まで生き延びた「銀河の部品」である．遠方にある小さな銀河を観測することは難しいが，そのことは統計データを解釈するときに考慮することができる．このバイアスを考慮すると，過去の宇宙には，今日私たちが目にする数よりずっと多くの小さな銀河が存在していたことが観測からわかっている．これは，小さな銀河の多くが，合体によって成長したか，あるいはより大きな銀河に飲み込まれたという考えと合致する．もう一方の極端な例である巨大楕円銀河を見ると，それらが今日の宇宙にあるバリオンの半分以上を含んでいる．最も巨大なものは，太陽質量の数兆倍もの質量（銀河系のほぼ 10 個分）をもっている．それらは（明るいために）赤方偏移 $z = 1.5$ までさかのぼって観測できるが，すでに $z = 1.5$ の時代でもそれらはかなり年老いていて，そのもとになった成分は赤方偏移 $z = 4$ 以上の時代に合体したことが分光学的研究から明らかになっている[*46]．このように，銀河合体の全盛期は 100 億年以上昔であったが，おそらく最も重要なことは，そのプロセスは現在でも起きていることであろう．銀河は現在でも相互作用し合体している．銀河団は現在でも超銀河団をつくりつつある．この意味からすると銀河からなる宇宙はまだ若く，まだ成熟の途上にある．しかし，銀河の究極の運命，すなわち銀河の最期とはどのようなものであろうか？

第 7 章　銀河の誕生

(＊訳注 42）天文観測には，特定の天体を対象にして詳しく調べる観測と，特定の性質をもつ天体をすべて検出したり，興味ある天体を捜索したりすることを目的として，ある天域を覆いつくす観測がある．前者をポインティング観測，後者をサーベイという．ある一定の明るさ以上の銀河のスペクトルをしらみつぶしに撮影して赤方偏移を求め，銀河の空間分布を調べることを主目的とするサーベイを赤方偏移サーベイという．

（＊訳注 43）一つの粒子がどのくらいの質量を表すかは，シミュレーションの対象によって大きく異なるので注意が必要である．

（＊訳注 44）冷たいダークマター（CDM）は放射と相互作用しないので，密度ゆらぎは宇宙の晴れ上がり以前から成長をはじめることができ，晴れ上がり時点ではすでにある程度の大きさのゆらぎとなっていた．

（＊訳注 45）ブラックホール自身からエネルギーが出ているわけではないが，そこに落ち込む物質の重力エネルギーが解放されてほかのエネルギーに変わり，最終的にそのエネルギーが使われて何らかの活動が起きている場合には，「ブラックホールによって駆動される」という言い方をする．

（＊訳注 46）分光観測で得られるスペクトルから，巨大楕円銀河を構成する星の平均的な年齢がわかる．

第8章
銀河の最期

宇宙の運命：三つのシナリオ

　銀河がどのような最期を迎えるかは宇宙の運命にかかっている．宇宙の運命については三つの基本的なシナリオが考えられる．理論家はそれらにさまざまな要素を組み込んでいるが，細かなことは銀河の最期に関する三つの可能性を大きく変えるものではない．第一の可能性は，宇宙が多かれ少なかれ今日と同じ程度の加速膨張を続ける場合である．現在の観測結果はこれを支持するが，ほかの二つの可能性はないと言い切れるほど決定的ではない．第二の可能性は，加速膨張の加速の度合がしだいに増えていく場合である．第三の可能性は，加速膨張がそれほど遠くない未来に減速膨張に転じて，最終的には宇宙が，ビッグバンを時間反転したビッグクランチとよばれる高密度状態になる場合である．

　これらのシナリオはすべて推測の域を出ないものなので，出来事が起きる時間についてはおおざっぱな数字しか意味がない．そこでまず宇宙の現在の年齢をきりのよい100億年と丸めて，これを基準の値としよう．そしてまた，私たちはダ

ークマターの性質についてほとんど知らないので，遠い未来にダークマターがどうなるかを推測することさえ難しい．そこで，私はこのシナリオを，私たち自身をつくっているなじみ深い粒子のバリオンに限ることにする．

第一のシナリオ：いつまでも続く加速膨張

　もし宇宙の膨張が十分長く続くならば，最終的には使えるガスとダスト（塵）を使い果たして，宇宙の中のすべての星生成活動が終わるであろう．近傍銀河のさまざまな種族の星の観測から明らかになった星生成史と，銀河系の中で今日星がつくられている割合[*47]から天文学者は，それはいまから1兆（10^{12}）年後（宇宙が現在の100倍の年齢になる頃）に起こると推測している．個々の銀河の中の星々が暗くなり温度が下がって，銀河は暗くかつ赤くなる．銀河団同士の距離は大きくなり，その頃には，自分の銀河が属している銀河団のメンバー以外の，遠い宇宙にある銀河を観測することは不可能になっているだろう．銀河の中で星が死んだ後には，次の三つの状態のどれかに落ち着く．太陽と同じかそれより小質量の星は，しだいに輝きを失って，白色矮星とよばれる燃えかすになる．白色矮星は，地球と同じ大きさの球の中に太陽ほどの質量が押し込められた高密度の星である．もう少し大質量の星はさらに重力収縮して，太陽ほどの質量がエベレスト山の大きさにまで詰め込まれた中性子星になる．中性子星の密度は，原子核内部の密度と同じになっている．さらに大質量の星，あるいは中性子星に周辺から質量が降着してある閾値を超える場合，星はブラックホールへと重力崩壊す

る．

　銀河は1兆年という長い時間のうちには，暗くなり赤くなるのに加えて，やせ細って小さくなっていく．その原因の一つは重力波の放出によってエネルギーを失うことである．このことは短い時間スケールでは問題にならないが，1兆年の間には積み重なって影響が出てくる．銀河はまた，内部での星同士の重力相互作用によってもやせていく．状況によっては，ある星がエネルギーを得て銀河の外に飛び出し，相手の星がエネルギーを失って，銀河中心に近い軌道に落ちていくことがあるからである．同様にして，銀河団もやせ細っていく．そして究極的には，銀河も銀河団も，これらの過程でつくられた大質量ブラックホールに落ち込んでいく．

　ここが銀河の最期と見なすこともできる．というのは，銀河と同定できるものはこの時点でもはや何もないからである．しかしブラックホールは存在し，その周辺には，銀河から放り出された星とガスのかたちでバリオンがまだ存在する．もしさらに長い時間が経てば，素粒子物理学の理論に従って，これら宇宙の究極的な構成物（ブラックホールとバリオン）も見えなくなってしまう．そこまでにどれだけ時間がかかるかを示すために，当面宇宙定数を無視して，減速膨張する古いモデルで考えることにする．このモデルは考える時間を無限に長く私たちに与えてくれるからである．

　理論によると，ビッグバンでエネルギーから物質を創生し

たのと同じプロセスが，宇宙が年老いていくにつれて最終的には物質をエネルギーに変換する．「最終的に」がキーワードである．原子は3種類の粒子，すなわち電子，陽子，中性子からできている．電子は安定な基本的素粒子である．しかし中性子は，単独で原子核の外に出されると，約15分で陽子と電子に崩壊[*48]する．陽子は，現在の宇宙年齢程度の時間では安定であるが，最終的には陽電子[*49]と高エネルギーのガンマ線に崩壊することが理論的に予言されている．白色矮星や中性子星の内部にある中性子にも似たようなことが起きる．ビッグバンにおける物質創生を記述する方程式によると，通常の物質内では10^{32}年で陽子の半分が崩壊する．言い方を変えると，10^{32}個の陽子を含む物質の塊では，毎年ほぼ1個の陽子が崩壊する．この数は，水，バター，鉄，などなど，どんなものであれ，500トンの物質中にある陽子の数にほぼ等しい．

この10^{32}年は圧倒的に長い時間である．10^{30}でさえ，100億（10^{10}）を3回かけ算した数（100億の100億の100億倍）であり，10^{32}年はその10^{30}年の100倍も長いのだ．しかし，もし宇宙膨張がそのまま続けば，いまからおよそ10^{33}年後までには，ブラックホールに吸い込まれなかったバリオンの実質上すべてがこのようにして，電子と陽電子とエネルギーになっているだろう．電子と陽電子が衝突するたびに，おたがいが対消滅[*50]してガンマ線となる．こうして，星をつくっていたバリオンでそこまで残っていたものは，最終的に放射にかたちを変えてしまう．

ブラックホールはどうなるだろうか？　それらもまた同じ最期を迎える．一般相対性理論によるブラックホールの記述と，熱力学および量子力学によるブラックホールの記述の間には，深遠な関係がある．その鍵は量子力学の核心である不確定性原理にある．この原理によると，量子力学で記述される世界では，同時に精密に決めることができない対をなす二つの物理量がある．それは私たちの測定装置が不完全だからではなく，宇宙がそのように振る舞う結果なのである．そのような対の例の一つは，エネルギーと時間である．ブラックホールの最期とどう関係するかといえば，エネルギーと時間の不確定性から，真に「空虚な（何もない）」空間は存在しないということが重要だ．何もない空間のごく微小な領域を想像してみよう．そこに含まれるエネルギーはゼロと思えるかもしれない．しかし不確定性原理によれば，もしある時間 t よりも短い時間の間なら，その空間領域にエネルギー E が含まれていてもよい．ただし，E が大きければ大きいほど t は小さく（短く）なければならない．そこで，小さな「エネルギーの泡」が，まったく測定にかかることなく，空間に生まれては消え，消えては生まれることができる．エネルギーと質量は等価なので，このことは，もしすぐに消滅するならば，電子と陽電子のような粒子の対が無から創生することを意味している．

　この現象がブラックホールのまさに端（ブラックホールの地平面）で起きたと考えよう．ほんのわずかな時間であっても，対をなす一方の粒子（反粒子）がブラックホールに吸い

込まれ,もう一方は外に飛び出すことがあり得る.しかし宇宙は何もしないで何かを得ることはない.ブラックホールは,その質量の一部をこのプロセスのために使って質量が減り,ほんのわずかだけ収縮する.この現象が次々と起きるために,ブラックホールの表面から多数の粒子が飛び出してきて,あたかもブラックホールがある温度の熱放射(ホーキング放射)をしているかのように見える.ここに熱力学が関与するのである.この効果は次の結果を生む.質量の小さいブラックホールほど温度が高く,より短い時間で質量を失う.ブラックホールの質量が,もはやそのまわりの空間を外の宇宙と無関係の空間に閉じておけなくなった時点で,爆発的な放射を出し,ブラックホールは蒸発して「無」になってしまうのである.太陽と同じ質量のブラックホールは,それがまわりから何も物質を飲み込まないとしても,10^{66} 年で蒸発する.一つの銀河程度の質量のブラックホールなら 10^{99} 年かかる.そして宇宙最大の構造である超銀河団の質量をもつブラックホールでさえ,10^{117} 年経つと蒸発してしまう.以上が,銀河の最後に関する話の中で,想像を巡らすことができる最も遠い未来の時間である.

しかし,こんなことが起きるまでの時間がない場合はどうなるだろうか? もし宇宙定数がまさに一定の定数で,宇宙膨張が一定の割合で加速され続けるなら,私たちの銀河系が属する局所銀河群より外にあるすべてのものは,2000億年以内に視界から消えてしまう.その外では空間が光速より速く膨張しており,そこから来る信号は銀河系,あるいはその

ときには銀河系がいまのかたちでなかったとしても、そこにいる観測者には届かない。実際には、観測限界となる宇宙の地平線は収縮し続けるだろう[*51]。これまで述べたさまざまなプロセスは宇宙の地平線の内外で進行し続けるが、現在の宇宙年齢の10倍の時間以内に、局所銀河群のメンバー銀河の合体からできた超巨大銀河の「島宇宙」がしだいに輝きを失っていく様子以外には何も見えなくなるだろう。これが現時点での観測に基づく最も確からしい予言である。しかし、より劇的な可能性も残されている。もし宇宙「定数」が定数でなかったらどうなるだろうか？

第二のシナリオ：ビッグリップ

遠方の超新星の研究から、ビッグバン以降、宇宙の進化に伴って宇宙定数の値がどのくらい変化したかに関して制限がつけられているが、まだ定数であることを証明するほどの精度ではない。おそらく宇宙定数は、時間とともに変化する可能性も考慮して、「宇宙パラメータ」とよばれるべきであろう。定数である確証がないため、理論家の中には宇宙のダークエネルギーの密度が変化すると、空間の伸びや銀河の最後にどのような影響があるかを研究している人たちがいる。最初の可能性は、宇宙が加速膨張している膨張率そのものが、さらに加速的に大きくなっている場合だ。この場合には、宇宙の中での私たちの位置づけに関する理解が根本的に変わることになる。私たちは、長い寿命をもっている「宇宙」のまだ若い段階に住んでいるのではなく、ビッグバンから物質世界の終わりに至る道程のすでに3分の1のところにいるから

第8章　銀河の最期

である．さらに興味深いことには，この場合には，そのときまで「宇宙」に知的生命体が生き続けていれば，観測者はこの究極の破滅をほとんど最後まで観察できるだろうということだ（ここで「宇宙」に対して，Universe ではなく universe と，小文字の u を用いた．それは，これが私たちの宇宙に起きることという意味ではなく，可能性のある一つの宇宙に対する推測であることを強調するためである．私は個人的には，これは面白い空想物語だと見なしている！）．

　このシナリオはときにはビッグリップとよばれることがあるが，その理由を述べよう．ここでは，すでに述べたように，ダークエネルギーが宇宙膨張を加速している一方で，宇宙膨張がダークエネルギーを生み出すもとになっているという仮定から出発する．すると，膨張するほどダークエネルギーが増え，膨張はさらに加速し，それはさらなるダークエネルギーを生み出すという循環が起きる．このことは既存の物理法則に矛盾するものではないが，それらから要請されることでもない．もし宇宙パラメータが今日の値のように小さな値のままで留まるなら，太陽やその他の星々と銀河は，重力がダークエネルギーの影響よりも圧倒的に大きいので，何千億年もの間，宇宙膨張に抗して何の問題もなく存在し続けることであろう．しかし，このビッグリップのシナリオでは，勢力を強め続けるある種の反重力としてはたらくダークエネルギーが重力を圧倒して，私たちが強固な天体と見なしているものも，空間の膨張によって引き裂かれてしまうときがそのうちにやってくる．これは指数関数的成長の一例である．

観測から課せられる制限の中で最も極端なパラメータに対するシナリオでさえ，終末は200億年あまりのうちに起きるというのに，最後の10億年程度になるまで，銀河のような天体には何も奇妙なことは起きないのである．

　最後の10億年がはじまると，ダークエネルギーが，局所銀河群の銀河同士を引き留めていた重力に打ち勝つ．それは現在から約200億年後に起きる．これは，もし宇宙定数が本当に定数である場合よりも10倍早い．そのときには，銀河系とアンドロメダ銀河が合体してできた巨大楕円銀河はまだそれとわかるかたちで存在している．太陽が死んでから優に100億年以上経っているが，太陽に似たような星のまわりを回る地球のような惑星に住む知的生命体が存在して，宇宙パラメータの値が増大し続けるにつれて何が起きるのかを観測できるということは十分あり得るかもしれない．このときの宇宙の地平線はまだ70メガパーセクの距離にある．

　この時点からは，事件の経過をビッグバンからの経過時間ではなく，ビッグリップに至るまでの時間で記述するほうがよいだろう．終末の約6000万年前に，銀河系とすべての銀河は，ダークエネルギーが星同士の重力に打ち勝つために，星がばらばらになって銀河のかたちがなくなっていく「蒸発」をはじめるだろう．しかし，太陽系のような惑星系はまだ，無傷で空間内を運動することができているだろう．ビッグリップのわずか3か月前になってはじめて，惑星をその中心星に引きつけている重力がゆるくなり惑星は中心星から引

き離される．観測者がこの破局を見るほどの高度な文明をもっていればここは生き延びられるかもしれない．しかしどんな文明でも，物質の最後の瞬間の約30分前に惑星そのものが引き裂かれるときに，ついにその命運が尽きるのである．最後の1秒の何分の1かの時間に，原子とすべての粒子は引き裂かれて「無」になり，その後には平坦で空虚な時空が残る．このシナリオのいくつかの極端なものでは，この空虚な時空から新しい宇宙が生まれて私たちの銀河系がふたたび生まれるとの考えもある．しかし，銀河に関する限り，もしこのシナリオが正しいとすれば，いまから約200億年のうち，すなわちビッグリップの6000万年前にその最後は必ず来るといえる．

第三のシナリオ：ビッグクランチ

　しかし，時間とともに宇宙パラメータが小さくなっていくとどうなるだろうか？　それはゼロとなって消失することもあり得るだろうか．そうなると，本章の最初に述べた，崩壊する物質と蒸発するブラックホールを含む，永遠に膨張を続ける宇宙へと話は戻ることになる．しかしそこで終わる必要があるのだろうか？　方程式は，宇宙パラメータがゼロを通り越して負になることも許している．負の宇宙パラメータは，運命の日をさらに近寄せる．それはおそらくビッグバンから現在までの時間よりも短い将来に起きるだろう．しかしこの場合には，異なる種類の運命の日がやってくる．ビッグリップではなく，時間を逆にしたビッグバン，すなわちビッグクランチだ．

ここでも私は，現在の宇宙の観測結果と既知の物理法則とに矛盾しない中で，最も極端なシナリオに基づいて話を進める．正の量のダークエネルギーが，反重力のように作用して宇宙膨張を加速したのとちょうど同じように，負の量のダークエネルギーは重力のように作用して宇宙全体を引っ張り，宇宙膨張を逆転させる可能性がある．これまでの観測結果と理論的考察を組み合わせると，宇宙パラメータの負の値に対する可能な範囲が推定される．それによると，ビッグクランチは，現在からわずか120億年後から400億年後の間のどこかで起きる．前と同様に，これからは残された時間で出来事を記述するのがよい．今回は，残された時間は，観測可能な宇宙が縮小していくその大きさにも対応している．すべてのものが，宇宙の地平線の外であっても同じように収縮するので，同じ時刻には宇宙のどこでも同じことが起こっているだろう．しかし今度は，断末魔の苦しみを目撃する知的生命体の観測者は存在しない．

　宇宙膨張が止まって次に減速に転じるとき，それは同時に宇宙のすべての場所で起きる．というのは，宇宙パラメータの値の変化に影響されるのは空間そのものだからである．しかし，空間を伝わる光の速度が有限なので，膨張から減速への反転が起きた直後には，どんな観測者も，また宇宙のどこにいようとも，ほとんどの銀河が青方偏移を示すという現象は見られない．近距離の銀河から来る光は青方偏移しているだろう．しかし，遠方の銀河から届く光は，その旅路の大半を膨張する宇宙で過ごしてきたので，依然として赤方偏移を

ッグクランチ），さらにバウンスして再度膨張というサイクルをくり返す．私たちの宇宙はそれ以前に存在した別の宇宙の崩壊から生まれたのか，あるいは私たちの宇宙の一つ前の状態から生まれたのか，どちらが興味深い推測であろうか？しかし，銀河の最期に関してはそのどちらでも変わりはない．ビッグクランチのシナリオでは，いずれにせよ私たちの知る銀河は，宇宙の最期から約100億年前，おそらくいまから110億年後までに，その姿がわからなくなるほど粉々に崩壊するであろう．

最も確からしい銀河の最期

しかし，ビッグリップとビッグクランチはともに推測でしかなく，何が起きる可能性があるか，その極限を示すためにここで解説したのである．少なくとも言えることは，宇宙が120億年以内にふたたびビッグクランチで崩壊することはないし，ビッグリップが200億年以内に銀河を引き裂く可能性もないということである．30年前には，ビッグバン以降の経過時間，すなわち宇宙年齢に関して天文学者の推定値には，120億年と200億年というこれとほとんど同じ不確かさが存在した．それがいまや137億年というところにまで絞り込まれている．偉大な進歩である．しかし，銀河の最期に関する現在の最もお勧めの予言は次のものである．

宇宙定数は変化しない定数であり，宇宙のゆるやかな加速膨張の結果，「スローリップ」が最終的に起きる．しかし，それはずっと遠い未来のことでほとんど心配するには及ばな

い．この見方に従えば，銀河は数千億年，現在の宇宙年齢の10倍以上の期間は安全で，人類とは別の知的生命体の観測者たちが，それがどんな最後を迎えるかを正確に理解するまでに十分な時間があるのだ．

(＊訳注47) 星生成率とよび，太陽質量／年の単位で表す．一つの銀河全体で，1年間に太陽質量の何倍のガスとダストが星に変換されるかを表す量である．

(＊訳注48) 素粒子や原子核が別の粒子に変わることを崩壊と言う．重力崩壊の場合の崩壊とは意味が異なる．

(＊訳注49) 電子に対応する反物質．反物質とは質量とスピンが通常の素粒子と同じで，電荷が逆の素粒子である「反粒子」によって構成される物質．

(＊訳注50) ある素粒子とその反粒子（訳注49参照）が衝突して，ガンマ線あるいはほかの素粒子に変換される現象．この逆のプロセスは対生成とよばれる．

(＊訳注51) 現在の宇宙の地平線（事象の地平線）は137億光年（約4000メガパーセク）の距離にある．

(＊訳注52) 現在の最良推定値は38万年である．

用 語 集

天の川 遠方の暗い星が,肉眼では個々に分離できないほど密集して夜空を横切る淡い光の帯として見えるもの.「銀河系」も参照.

渦巻銀河 「円盤銀河」を参照.

宇宙 私たちが見たり影響を受けたりするすべてのものの全体を指す言葉.

宇宙定数 宇宙の中にあるダークエネルギーの量を示す数値.

円盤銀河 渦巻銀河とレンズ状銀河(S0 銀河;エスゼロ銀河と発音)の総称.1000 億個の桁の恒星からなる系で,星の大半が扁平な円盤にあるもの.渦巻銀河では円盤に渦巻き構造が見られるが,レンズ状銀河(S0 銀河)では渦巻き構造は見られない.

核融合 軽い元素(とくに水素)の原子核をより重い元素(とくにヘリウム)の原子核に変換するプロセス.これによって出てくるエネルギーが太陽のような星を輝かせている.

球状星団 銀河系のような銀河の外縁部に存在する球状の星の集まり.数十万個の星を含むものが多いが,中には 100 万個以上もの星を含む球状星団もある.

銀河 宇宙の中に島のように散在する,1000 億個の規模の恒星からなる集団.

銀河系 私たちの住む銀河.天の川銀河とよばれることもある.

降着円盤 星,ブラックホール,あるいはその他の天体のまわりを回転する物質からなる円盤.その内縁から物質が渦を巻いて中心天体に落ち込む.

視差 異なる位置から見たときの天球上での星の位置のずれ角.

新星 星が突然の明るさを増して輝き出すもの．空の上であたかも新しい星が生まれたかのように見える．

星間減光 視線上にあるダストを含む物質の吸収や散乱によって，遠方の星から来る光が暗くなること．

セファイド 銀河系と近傍銀河の距離を決めるために有用な性質をもつ変光星．

楕円銀河 内部構造をほとんどもたない銀河で，全体的にはアメリカンフットボールのような偏長楕円体のかたちをしている．厳密には，「湯たんぽ」のような三軸不等楕円体のかたちをしたものが多いと考えられている．

ダークエネルギー 宇宙の膨張を加速する一種の反重力作用を及ぼす，宇宙全体を満たす目に見えない一種のエネルギー．ラムダ場ともよばれる．

脱出速度 ある物体の重力を振り切って飛び出すのに必要な最小の速度．地球の表面における脱出速度は 11.2 km/s である．

超新星 ある種の星がその寿命の終わりに起こす大爆発で極端に明るくなるもの．一つの星が 1000 億の星からなる銀河全体と同じくらい明るくなる．

冷たいダークマター 通常の物質の 6 倍存在する宇宙の主要な物質成分で CDM と略記される．CDM が存在することはそれが及ぼす重力作用でわかるが，それが何であるかはまったく知られていない．

ドップラー効果 光源（たとえば星）のスペクトル中のスペクトル線が，光源と観測者の相対速度によってずれる効果．光源が遠ざかっていれば赤いほうへ，近づいていれば青いほうへずれる．

ハッブル定数 宇宙が現在どれくらいの割合で膨張しているかを表す数値．膨張する割合はときとともに変わる．

ブラックホール 重力が非常に強く，脱出速度が光速度を超えるような天体．大質量ブラックホールは銀河が生まれる種となる．

分光学 星や銀河の光をスペクトルに分けて分析する学問．

平凡原理 宇宙の中で私たちは特別の場所にいるのではなく，太陽の周辺は，渦巻銀河の中で平均的な環境であるとする考え方．

ラムダ場 「ダークエネルギー」を参照．

参考文献

Richard Berendzen, Richard Hart, and Daniel Seeley, "Man Discovers the Galaxies", Columbia UP, 1984（邦訳：高瀬文志郎，岡村定矩 訳，『銀河の発見』，地人書館，1980 年）．
Peter Coles, "Cosmology: A Very Short Introduction", OUP, 2001.
Arthur Eddington, "The Expanding Universe", CUP, 1933.
John Gribbin, "Space", BBC Worldwide, 2001.
John Gribbin, "Science: A History", Allen Lane, 2002（邦訳：斉藤隆史 訳，『科学の世界』，東洋書林，2011 年）．
Alan Guth, "The Inflationary Universe", Cape, 1996（邦訳：はやしはじめ，はやしまさる 訳，『なぜビッグバンは起こったか』，早川書房，1999 年）
K. Haramundanis ed. "Cecilia Pagne-Gapschkin: An Autobiography and Other Recollections", Cup, 1984.
Michael Hoskin, 'The Great Debate', *Journal for the History of Astronomy*, 7 (1976), 169-82.
http://antwrp.gxfc.nasa.gov/apod/ (for the observations in Hawaii, Chapter 3).
Edwin Hubble, "The Realm of the Nebulae", Dover, 1958, repr. of 1936 edn（邦訳：戎崎俊一 訳，『銀河の世界』，岩波文庫，1999 年）．
Malcolm Longair, "Our Evolving Universe", CUP, 1996.
Denis Overbye, "Lonely Hearts of the Cosmos", HarperCollins, 1991（邦訳：鳥居祥二，吉田健二，大内達美 訳，『宇宙はこうして始まりこう終わりを告げる』，白揚社，2000 年）．
Martin Rees, "Before the Beginning", Simon & Schuster, 1997.
Michael Rowan-Robinson, "The Cosmological Distance Ladder", Freeman, 1985.
Thomas Wright, "An Original Theory or New Hypothesis of the Universe", Chapelle, 1750; facsimile edn, ed. Michael Hoskin, Macdonald, 1971.

中村士，岡村定矩 著，『宇宙観 5000 年史』，東京大学出版会，2011 年．
土居守，松原隆彦 著，『宇宙のダークエネルギー』，光文社新書，2011 年．
嶋作一大 著，『銀河進化の謎（UT Physics 4）』，東京大学出版会，2008 年．
東京大学数物連携宇宙研究機構（IPMU）監修，『宇宙のしくみ（学研雑学百科）』，学研教育出版，2010 年．
村山斉 著，『宇宙は何でできているのか』，幻冬舎新書，2010 年．
吉田直紀 著，『宇宙で最初の星はどうやって生まれたのか』，宝島社新書，2011 年．
吉田直紀 著，『宇宙 137 億年解読（UT Physics 6）』，東京大学出版会，2009 年．
谷口義明 監修，『新・天文学事典』，講談社ブルーバックス，2013 年．
松原隆彦 著，『宇宙に外側はあるか』，光文社新書，2012 年．
マイケル・ホスキン 著，中村士 訳，『西洋天文学史（サイエンス・パレット 005）』，丸善出版，2013 年．

図の出典

図1
©Jonathan Gribbin

図2
©NASA/The Hubble Heritage Team/STScI/AURA

図3
©Roger Ressmeyer/Corbis/ アマナイメージズ

図4
©Nicholas Halliday/Icon Books

図5
©Oxford University Press

図6
©NASA Jet Propulsion Laboratory（NASA-JPL）

図7
©NASA Marshall Space Flight Center（NASA-MSFC）

図8
©Jonathan Gribbin

図9
©Jonathan Gribbin

図10
©NASA Marshall Space Flight Center（NASA-MSFC）

図11
©Dr Adam Reiss

図12
©Jonathan Gribbin

図13
©NASA

図14
©NASA/WMAP Science Team

図15
©Jonathan Gribbin

図16
©NASA/ESA/STSCI/Hubble Heritage Team/SPL

図 17
©NOAO/AURA/NSF/SPL

図 18
©NASA/ESA/STSCI/S. Beckwith, HUDF TEAM/SPL

図 19
©V. Springel, Max-Planck-Institut fur Astrophysik, Garching, Germany

図 20
©Royal Observatory, Edinburgh/SPL

索引

あ 行

アイソフォト　64, 82
アインシュタイン，アルバート　50, 61, 67〜71
天の川　2
暗黒物質　→ダークマター
アンドロメダ銀河　55, 56, 136
アンドロメダ星雲　16〜18, 27, 36, 51
一般相対性理論　48, 50, 61, 67〜71, 81
いて座A　51, 52
いて座星流　54
渦巻腕　25, 27, 36, 42, 43, 48, 105
渦巻銀河　7, 16, 20, 21, 25, 36, 43, 56, 57, 61, 99, 105
渦巻き星雲　5, 13〜20, 24, 28, 36
宇宙
　——の大規模構造　121〜124
　——の地平線　149, 157
　——の年齢　77〜79, 81, 89
　——の晴れ上がり　103, 119, 124, 126, 142
宇宙定数　71, 85〜87, 104, 149
宇宙パラメータ　149〜152
宇宙膨張　74, 78, 85, 101, 104, 148, 150
宇宙マイクロ波背景放射　79, 96, 97, 102, 103, 119, 122, 154, 155
宇宙論的赤方偏移　41, 55, 56, 72, 73, 79
衛星銀河　13, 55
HUDF　→ハッブルウルトラディープフィールド
エディントン，アーサー　61〜63, 69
円盤（ディスク）　39〜42, 54, 99, 105, 133
おとめ座星流　54
オリオン腕　43
オリオン星雲　47
音響ピーク　123
温度ゆらぎ　119

か 行

角運動量　45, 57
角距離　21
角直径　21, 82
核融合反応　40
加速膨張　143, 149
カーチス，ヒーバー　5, 7, 15〜

21
活動銀河核　111〜113
カプタイン，ヤコブス　9, 11
ガリレイ，ガリレオ　2
カント，イマヌエル　3
ガンマ線　146
輝線　21
吸収線　21
球状星団　12, 13, 41, 105, 139, 140
局所腕　43
巨大楕円銀河　107, 136, 142, 151
距離指標　9, 21, 30
距離はしご　31, 37, 81
銀河
　　最古の――　115, 140
　　――の近接遭遇　108, 138
　　――の衝突　109, 138
　　――の直径　62〜64, 83, 91
銀河喰い　55
銀河群　73
銀河系　1
　　――の大きさ　7, 15
　　――の中心　12, 13, 48, 51〜53
　　――の直径　64
　　――のでき方　54
銀河団　73, 80, 81, 101
クェーサー　111, 113, 114, 131, 132
屈折望遠鏡　24
グッドウィン，サイモン　63
原始太陽系星雲　5
減速膨張　143, 145
ケンタウルス座アルファ星　8
恒星　6
恒星質量ブラックホール　50, 58

コペルニクス　2, 59

さ　行

SgrA*（サジエイスター）　52, 58
サーベイ　142
三角測量　8, 37
視線速度　57, 58
CDM　→冷たいダークマター
島宇宙　4, 17, 67
島宇宙説　5, 14, 26
ジャイロ　70
シャプレー，ハーロー　5, 7, 11〜15, 19〜21, 26〜29
周期-光度関係　23
重力収縮　46, 57, 144
重力崩壊　46〜48, 58, 126, 127, 134, 144
種族 I　43, 105
種族 II　43, 105
種族 III　128
シュワルツシルト半径　49
小マゼラン雲　10, 25, 107
新星　17, 28, 29
スターバースト　45, 109
スターバースト銀河　109〜111, 135, 137
スライファー，ヴェスト　15, 16, 31, 33
スローリップ　156
星雲　3, 4, 24
星間減光　9, 27, 51, 60, 81
星団　5
青方偏移　16, 31, 32, 56, 58, 73, 75
星流　54, 55, 106
セオドライト　1
赤外線　52
赤方偏移　16, 23, 31, 32, 72〜75
赤方偏移-距離関係　33〜37,

67, 85, 87
赤方偏移サーベイ　122, 142
接線速度　57
セファイド　10, 11, 20, 21, 23, 26〜30, 37, 62, 63
速度-距離関係　37
速度分散　133

た　行

大質量ブラックホール　53, 58, 106, 119, 129, 131, 132
大マゼラン雲　107
太陽　40, 42
太陽系
　——の中心　100
　——の年齢　42
楕円銀河　25, 43, 106, 107
ダークエネルギー　88〜90, 150
ダークマター　39, 40, 55, 90, 101, 123, 126, 131
ダスト　9, 44, 45, 47, 51〜53, 93, 98, 105〜107, 109, 110
脱出速度　50, 101
地動説　2
中間質量ブラックホール　58
中性子星　144
超銀河団　141
超新星　19, 30, 46〜48, 85, 86
超新星残骸　52
潮汐力　55, 108, 113
冷たいダークマター（CDM）　40, 98, 100, 101, 123, 125, 126
定常宇宙論　78, 114
ディスク　→円盤
ディッグス，トーマス　2
ディッグス，レオナルド　1, 8
天動説　2
電波望遠鏡　51
電波ローブ　113

特異点　48, 76, 155
特殊相対性理論　68
ドップラー，クリスチャン　41
ドップラー効果　41, 56, 72, 73, 74, 98

な　行

2.5メートル望遠鏡　23〜27, 29
年周視差　8

は　行

白色矮星　144
ハーシェル，ウィリアム　4
パーセク　8
パーソンズ，ウィリアム　4
ハッブル，エドウィン　21, 23〜36, 60
ハッブル宇宙望遠鏡　62, 63, 65, 114, 116
　——のキープロジェクト　64, 79〜82
ハッブルウルトラディープフィールド　116〜118
ハッブル時間　77
ハッブル定数　36, 37, 64, 65, 77〜79, 81, 83, 84
ハマソン，ミルトン　27, 32
バリオン　93, 94, 97, 119, 123, 126〜128
バルジ　40, 42, 54, 105, 133
ハロー　41, 54, 55, 101, 131
反射望遠鏡　24
反粒子　147, 157
ビッグクランチ　143, 152, 153, 155, 156
ビッグバン　65, 76, 79, 85, 86, 88, 94〜96, 102, 123, 145
ビッグバン理論　76, 78, 79
ビッグリップ　150, 151

100インチ望遠鏡　→2.5メートル望遠鏡
ファンマーネン, アドリアーン　13, 14
不確定性原理　147
不規則銀河　107, 108
プトレマイオス　2
プラズマ　93, 96
ブラックホール　48〜53, 111〜114, 129〜136, 144〜148
　——の最期　147
平凡原理　59〜62, 74, 82
ペイン＝ガポシュキン, セシリア　28
ヘリウム　43, 127
ヘルツシュプルング, アイナー　11
変光星　12, 60
ヘンドリー, マーチン　63
ホーキング放射　148
星生成　44, 46〜48, 137
星生成率　109, 157
星生成領域　47, 127, 128
北極星　10

ま 行

マクスウェル, ジェームズ・クラーク　68
マルムキストバイアス　83
ミッシングマス　90
ミッチェル, ジョン　50
密度パラメータ　94
密度ゆらぎ　123
ミンコフスキー, ハーマン　68
メシエ, シャルル　4

や 行

陽電子　146, 147

ら 行

ライト, トーマス　3
ラッセル, ヘンリー・ノリス　28
ラプラス, ピエール　50
ΛCDMモデル　105
ラムダ項　71, 72
ラムダ場　87
リービット, ヘンリエッタ　10
量子力学　81
ルックバックタイム　114, 115, 117
ルンドマーク, クヌート　26
レプトン　93
レンズ状銀河（S0銀河）　106
連星系　49

わ 行

矮小銀河　54, 55, 120
矮小楕円銀河　107

原著者紹介
John Gribbin(ジョン・グリビン)
英国のサイエンス・ライター.サセックス大学天文学研究員.一般向けの科学啓蒙書を多数執筆している.

訳者紹介
岡村　定矩(おかむら・さだのり)
1948年生まれ.法政大学理工学部教授.理学博士.専門は銀河天文学,観測的宇宙論.編著書に『人類の住む宇宙(シリーズ現代の天文学 第1巻)』(日本評論社),共著書に『宇宙観5000年史』(東京大学出版会)などがある.

サイエンス・パレット 006
銀河と宇宙

平成25年7月30日　発行

訳　者　　岡　村　定　矩

発行者　　池　田　和　博

発行所　　丸善出版株式会社
〒101-0051　東京都千代田区神田神保町二丁目17番
編　集：電　話(03)3512-3265／FAX(03)3512-3272
営　業：電　話(03)3512-3256／FAX(03)3512-3270
http://pub.maruzen.co.jp/

© Sadanori Okamura, 2013

組版印刷・製本／大日本印刷株式会社

ISBN 978-4-621-08688-9　C0344　　　　　Printed in Japan

本書の無断複写は著作権法上での例外を除き禁じられています.